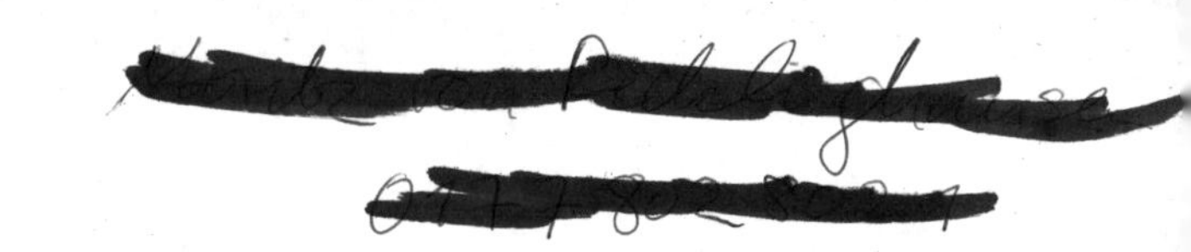

D1641450

Henning Franzen

Uwe Scheffler

Logik

Kommentierte Aufgaben und Lösungen

Logische Philosophie
Herausgeber:
H. Wessel, U. Scheffler, Y. Shramko, M. Urchs

Herausgeber der Reihe Logische Philosophie

Horst Wessel

Institut für Philosophie
Humboldt-Universität zu Berlin
Unter den Linden 6
D-10099 Berlin
Deutschland

WesselH@philosophie.hu-berlin.de

Uwe Scheffler

Institut für Philosophie
Humboldt-Universität zu Berlin
Unter den Linden 6
D-10099 Berlin
Deutschland

SchefflerU@philosophie.hu-berlin.de

Yaroslav Shramko

Lehrstuhl für Philosophie
Staatliche Pädagogische Universität
UA-324086 Kryvyj Rih
Ukraine
kff@kpi.dp.ua

Max Urchs

Fachbereich Philosophie
Universität Konstanz
D-78457 Konstanz
Deutschland
max.urchs@uni-konstanz.de

Die Deutsche Bibliothek - CIP-Einheitsaufnahme

Franzen, Henning:
Logik : kommentierte Aufgaben und Lösungen / Henning Franzen ;
Uwe Scheffler. - Berlin : Logos-Verl., 2000

(Logische Philosophie ; 6)
ISBN 3-89722-400-3

ISSN 1435-3415
ISBN 3-89722-400-3

Logos Verlag Berlin
Michaelkirchstr. 13, 10179 Berlin, Tel.: 030 - 42851090
INTERNET: http://www.logos-verlag.de/

Vorwort

Wer als Philosoph Logik studiert, bekommt in Vorlesungen und Seminaren hauptsächlich metatheoretische Zusammenhänge vermittelt. Für das Verständnis der Theorie ist jedoch das praktische Einüben elementarer logischer Fertigkeiten unerläßlich, dafür fehlt leider in der Regel die Zeit. Damit sind die Studierenden dann allein gelassen. Für Tutorien stehen nur selten ausreichend finanzielle Mittel zur Verfügung. Die meisten Logik-Lehrbücher enthalten schon aus Platzgründen keine oder nur wenige Übunsaufgaben mit knappen und daher oft schwer verständlichen Lösungen. Das vorliegende Buch enthält Aufgaben und Lösungen, die aus Klausur- und Tutoriumsaufgaben in einem 2-semestrigen Grundkurs Logik für Philosophen entstanden sind. Viele sind ausführlich kommentiert, so daß der Leser die Lösungswege leicht selbst nachvollziehen kann. Damit wird ihm die Möglichkeit geboten, die Vermittlung der Theorie in der Logik-Ausbildung selbständig durch das Lösen von Aufgaben zu ergänzen.

Die Reihenfolge der Aufgabengebiete entspricht in den ersten fünf Kapiteln dem üblichen Aufbau der Lehrbücher. Diese Kapitel können daher – teilweise aufeinander aufbauend – von vorn nach hinten durchgearbeitet werden. Die wichtigsten Entscheidungs- und Beweisverfahren der klassichen Aussagen- und Prädikatenlogik, wie sie in fast allen Logik-Lehrbüchern gelehrt werden, kommen dabei exemplarisch zur Anwendung. Dieser umfangreichste Teil des Übungsbuches kann sicherlich in jedem Standard-Logikkurs für Philosophiestudenten genutzt werden.

Es folgen vier kürzere Kapitel zur traditionellen Logik, zum Intuitionismus, zu Theorien der logischen Folgebeziehung und zur nichttraditionellen Prädikationstheorie. Sie ergänzen – je nach Bedarf – das „klassische“ Angebot.

Der Schwierigkeitsgrad der Aufgaben ist unterschiedlich, wobei das jeder anders empfinden mag. Wir haben uns jedoch bemüht, das Niveau einem einführenden Kurs anzupassen und empfehlen ehrgeizigen Lesern beispielsweise Alonzo Churchs *Introduction to Mathematical Logic* für weiterführende Übungen. In der Regel werden zu Beginn der Abschnitte die elementaren Fertigkeiten geübt, während sich weiterführende und anspruchsvollere Aufgaben anschließen. Auf metatheoretische Aufgaben zum selbständigen Üben wurde weitgehend verzichtet. Am Ende der meisten Kapitel finden sich „Richtig oder falsch?"-Aufgaben, in denen wichtige Begriffe und Definitionen abgefragt werden. Deren Lösungen stehen am Ende des Buches. Sollten die Schwierigkeiten beim Lösen einiger Aufgaben trotz der Konsultation von Lösungen und Kommentaren unüberwindbar scheinen, sollten zunächst die „Richtig oder falsch?"-Aufgaben dieses Kapitels gelöst und sorgfältig durchdacht werden.

Weil die Aufgabensammlung an der Humboldt-Universität zu Berlin entstanden ist, folgt sie in der Symbolik und in den vorgestellten Systemen weitgehend dem dort verwendeten Lehrbuch *Logik* von Horst Wessel [5]. Die Symboltabelle im Anhang (auf Seite 173) macht es jedoch leicht, in anderen Lehrbüchern benutzte davon abweichende Symbole zu übersetzen. Wo immer wir Systeme und Begriffe voraussetzen, die kein allgemeiner Standard sind, werden diese eingeführt. Diese mit Rahmen gedruckten Einleitungen einiger Abschnitte sollen kein Lehrbuch und keine Vorlesung ersetzen. Sie bieten auch keine Hilfe bei der Erarbeitung des Stoffes sondern sollen lediglich die darauffolgend verwendete Terminologie beziehungsweise die in den Beweisen und Entscheidungsverfahren verwendeten Mittel einführen, insofern sie nicht selbstverständlich sind. So bleibt das Buch lesbar, ganz gleich nach welchem Lehrbuch man die Logik studiert. Auch aufgrund der jahrzehntelangen Lehrerfahrungen Berliner Logiker mit früheren Auflagen können wir aber [5] wärmstens als Begleitlektüre empfehlen.

Wir können im Moment nicht völlig ausschließen, daß uns keinerlei Fehler irgendwelcher Art unterlaufen sind. Im trotz sorgfältiger Prüfung möglichen anderen Fall – es ist uns bewußt, daß dies in einem solchen Buch besonders peinlich ist – sind wir für Hinweise und Kritik dankbar. Wir bedanken uns bei Paul Hoyningen-Huene, bei Ingolf Max und bei Hans Rott für die Förderung unseres Projektes und für umfangreiche Verbesserungsvorschläge und ganz besonders bei Fabian Neuhaus für das Korrekturlösen und Korrekturlesen aller Aufgaben, Lösungen und Kommentare. Hinweise, Kritiken, interessante Aufgaben sowie Anregungen und Fragen können Sie über die unten angegebene E-mail–Adresse oder die angegebene Homepage an uns senden.

Berlin, September 2000

Henning Franzen
Uwe Scheffler

URL: `www.logos-verlag.de:/logikaufgaben`
E-mail: `logikaufgaben@logos-verlag.de`

Inhaltsverzeichnis

Kapitel 1

Sprache der Aussagenlogik

1.1 Formeldefinitionen

(Lösungen ab Seite 2)

Aufgabe 1.1.1: ◁◁◁

Definieren Sie den Begriff „Aussagenlogische Formel“ für eine Aussagenalgebra, deren Grundoperatoren Negation ($\sim$), Konjunktion ($\wedge$), Adjunktion ($\vee$), Subjunktion ($\supset$) und Bisubjunktion ($\equiv$) sind!

Aufgabe 1.1.2: ◁◁◁

Gegeben sind abzählbar unendlich viele Aussagenvariablen p, q und r mit und ohne Indizees sowie die aussagenlogischen Operatoren Negation ($\sim$) und Replikation ($\subset$). Die entsprechende Aussagenalgebra heiße *Replikation*. Die Negation ist wie üblich definiert, die Replikation hat folgende semantische Definition:

A	B	$A \subset B$
w	w	w
w	f	w
f	w	f
f	f	w

Definieren Sie „Aussagenlogische Formel“ in *Replikation*!

Aufgabe 1.1.3: ◁◁◁

Welche der folgenden Zeichenreihen ist eine aussagenlogische Formel nach der Definition aus Aufgabe 1.1.1?

a) $(p \vee \sim p) = \mathtt{w}$
b) $((p \wedge q) \supset (r \vee p))$
c) $((\sim r \wedge q) \equiv)$

d) $((p \supset q) \wedge ((q \supset r) \equiv (p \supset r)))$
e) $(A \supset \sim B)$
f) $(p \vee q \equiv (p \wedge (r \vee q) \wedge r)$

▷▷▷ **Aufgabe 1.1.4:**
Gegeben sei folgendes Alphabet:

- p, q, r – Aussagenvariablen
- $\sqcap$ – ein dreistelliger aussagenbildender Operator (sowohl ... als auch ... und ...)
- (,) – Klammern

Definieren Sie für dieses Alphabet den Terminus „aussagenlogische Formel“!

Lösung

Lösungen

1.1.1 **Lösung 1.1.1:**

1. Alleinstehende Aussagenvariablen sind aussagenlogische Formeln.
2. Wenn A eine aussagenlogische Formel ist, ist auch $\sim A$ eine aussagenlogische Formel.
3. Wenn A und B aussagenlogische Formeln sind, so sind auch $(A \wedge B)$, $(A \vee B)$, $(A \supset B)$ und $(A \equiv B)$ aussagenlogische Formeln.
4. Nichts anderes, als in den Punkten 1–3 definiert wurde, ist eine aussagenlogische Formel.

! **Kommentar:**
Verwenden Sie unbedingt Metavariablen und keine Aussagenvariablen in den Punkten 2 und 3, sonst sind nur die konkreten Zeichenreihen mit den entsprechenden Aussagenvariablen als Formeln definiert. Wenn Sie nämlich z.B. in Punkt 3 statt $(A \supset B)$ $(p \supset q)$ schreiben, dann ist zwar $(p \supset q)$ als Formel definiert, nicht aber $(p \supset \sim q)$, $(\sim p \supset (p \supset q))$ und viele andere mehr. Vergessen Sie nicht die Klammern in Punkt 3, sonst sind die Formeln nicht mehr eindeutig lesbar. Verwenden Sie nicht mehr Operatoren, als als Grundoperatoren vorgegeben sind.

1.1.2 **Lösung 1.1.2:**

1. Alleinstehende Aussagenvariablen sind aussagenlogische Formeln.
2. Wenn A eine aussagenlogische Formel ist, ist auch $\sim A$ eine aussagenlogische Formel.
3. Wenn A und B aussagenlogische Formeln sind, ist auch $(A \subset B)$ eine aussagenlogische Formel.

4. Nichts anderes, als in den Punkten 1–3 definiert wurde, ist eine aussagenlogische Formel.

Kommentar: !

Die Lösung ist ähnlich wie die der vorigen Aufgabe (mit der Veränderung in Punkt 3). Welche Operatoren als Grundoperatoren gegeben sind, spielt keine prinzipielle Rolle beim Formelaufbau.

Lösung 1.1.3: 1.1.3

a) Dies ist keine Formel, denn „=“ ist kein Operator und der Wahrheitswert w ist nicht Teil der Sprache.
b) Dies ist eine Fomel.
c) Weil rechts vom Operator „≡“ keine Teilformel steht ist dies keine Formel.
d) Dies ist eine Formel.
e) A und B sind keine Aussagenvariablen, sondern Metavariablen, deshalb ist dies keine Formel.
f) Weil drei Klammern geöffnet („(“), aber nur zwei geschlossen („)“) werden, ist auch dies keine Formel.

Lösung 1.1.4: 1.1.4

1. Alleinstehende Aussagenvariablen (das heißt: p, q und r) sind aussagenlogische Formeln.
2. Wenn A, B und C aussagenlogische Formeln sind, ist auch $(\sqcap ABC)$ eine aussagenlogische Formel.
3. Nichts anderes, als in den Punkten 1 und 2 definiert wurde, ist eine aussagenlogische Formel.

Kommentar: !

Beachten Sie, daß die Formel $(\sqcap pqr)$ mit der eingeführten dreistelligen Konjunktion syntaktisch verschieden von möglichen Zusammensetzungen mit der üblichen zweistelligen Konjunktion ist: Sie ist *nicht* die Formel $((p \wedge q) \wedge r)$ und *nicht* die Formel $(p \wedge (q \wedge r))$. Allerdings können die Formeln bei geeigneter (und naheliegender) Definition der Operatoren äquivalent sein. Beachten Sie weiterhin, daß ein *endliches* Alphabet angegeben wurde: Es gibt genau drei Aussagenvariablen.

1.2 Formalisieren von Aussagen der natürlichen Sprache

(Lösungen ab Seite 5)

▷▷▷ **Aufgabe 1.2.1:**
Welche der folgenden Sätze sind Aussagen?

a) Wer reitet so spät durch Nacht und Wind?
b) Es ist der Vater mit seinem Kind!
c) Ich denke, also bin ich.
d) Erkenne dich selbst!
e) Der Mond ist aus grünem Käse.
f) Was du nicht willst, dass man dir tu, das füg auch keinem andern zu!
g) Der Staat.

▷▷▷ **Aufgabe 1.2.2:**
Gegeben sind folgende Aussagen:
p – die Renten sinken; q – die Steuern steigen.
Übersetzen Sie folgende Aussagen in die Sprache der Aussagenalgebra!

a) Die Steuern steigen nicht.
b) Die Renten sinken, die Steuern steigen.
c) Die Renten sinken, aber die Steuern steigen nicht.
d) Wenn Steuern steigen, sinken die Renten nicht.
e) Weder steigen die Steuern, noch sinken die Renten.
f) Die Renten sinken, es sei denn, die Steuern steigen.

▷▷▷ **Aufgabe 1.2.3:**
Übersetzen Sie die folgenden Aussagen in die Sprache der Aussagenalgebra: (Zergliedern Sie dabei die Aussagen so weit wie möglich in ihre Bestandteile und schreiben Sie unbedingt auf, welche Aussagenvariablen Sie für welche Teilaussagen verwenden!)

a) Die Erde ist eine Scheibe oder der Mond ist aus grünem Käse.
b) Es ist nicht wahr, daß die Zahl 2 keine gerade Primzahl ist.
c) Wenn der Hahn kräht auf dem Mist, ändert sich das Wetter oder es bleibt wie es ist.
d) Wer Banknoten nachmacht oder verfälscht oder nachgemachte sich verschafft und in Verkehr bringt, macht sich strafbar.
e) Eine formalisierte Theorie ist genau dann entscheidbar, wenn es einen Algorithmus gibt, mit dem festgestellt werden kann, ob ein beliebiger Satz der Theorie wahr oder falsch ist.

f) Eine Person macht sich strafbar, wenn sie einen Menschen tötet, es sei denn sie handelt aus Notwehr.

g) Und kam die goldene Herbsteszeit
und die Birnen leuchteten weit und breit,
Da stopfte, wenns Mittag vom Turme scholl,
Der von Ribbeck sich beide Taschen voll ...

(Th.Fontane: *Herr von Ribbeck auf Ribbeck im Havelland*)

Aufgabe 1.2.4: ◁◁◁

Gegeben sind folgende Aussagen und Formeln; übersetzen Sie die formalen Ausdrücke in die natürliche Sprache!

a) p – Philosophen schreiben dunkel;
q – Philosophen verdienen Geld mit ihren Schriften.
1. $(p \wedge \sim q)$
2. $(\sim p \supset q)$
3. $\sim(p \equiv q)$

b) p – Die Vielheit ist nur Schein;
q – Das Wahre ist das Ganze;
r – Die Bewegung liegt außerhalb des Dingseins.
1. $((p \wedge q) \supset \sim r)$
2. $(p \wedge (q \supset \sim r))$
3. $(\sim p \equiv \sim(\sim r \vee q))$

Lösungen

Lösung

Lösung 1.2.1: 1.2.1

Aussagen sind b), c) und e).

Lösung 1.2.2: 1.2.2

a) $\sim q$
b) $(p \wedge q)$
c) $(p \wedge \sim q)$
d) $(q \supset \sim p)$
e) $(\sim q \wedge \sim p)$
f) $\sim(p \equiv q)$

Kommentar: !

Der Satz ist gleichbedeutend damit, daß entweder die Renten sinken oder die Steuern steigen. Dies läßt sich wie angegeben formalisieren.

1.2.3 **Lösung 1.2.3:**

a) $(p \vee q)$
p – „Die Erde ist eine Scheibe.“; q – „Der Mond ist aus grünem Käse.“

b) $\sim\sim p$
p – „2 ist eine gerade Primzahl.“

c) $(p \supset (q \vee \sim q))$
p – „Der Hahn kräht auf dem Mist.“; q – „Das Wetter ändert sich.“

d) $(((p_1 \vee p_2) \vee (p_3 \wedge p_4)) \supset q)$
p_1 – „Jemand macht Banknoten nach.“; p_2 – „Diese Person verfälscht Banknoten.“; p_3 – „Diese Person verschafft sich verfälschte Banknoten.“; p_4 – „Diese Person bringt die betreffenden Banknoten in Verkehr.“; q – „Diese Person macht sich strafbar.“

! **Kommentar:**
Je nach dem, wie man den Satz versteht, könnte auch die Formel $(((p_1 \vee p_2) \vee p_3) \wedge p_4)) \supset q)$ eine Lösung sein.

e) $(p \equiv q)$
p – „Eine formalisierte Theorie ist entscheidbar.“; q – „Es gibt einen Algorithmus ...“

f) $(p \supset (q \equiv \sim r))$
p – „Eine Person tötet einen Menschen.“; q – „Diese Person macht sich strafbar.“; r – „Diese Person handelt aus Notwehr.“

! **Kommentar:**
Der formalisierte Satz heißt „Wenn eine Person einen Menschen tötet, dann macht sie sich genau dann strafbar, wenn sie nicht aus Notwehr handelt“. Dieser Satz ist bedeutungsgleich mit dem in der Aufgabenstellung und damit eine korrekte Formalisierung.

g) $((p_1 \wedge p_2) \supset (q \supset r))$
p_1 – „Die goldene Herbsteszeit kam.“; p_2 – „Die Birnen leuchteten weit und breit.“; q – „Es scholl mittags vom Turme.“; r – „Herr von Ribbeck stopfte sich beide Taschen voll.“

1.2.4 **Lösung 1.2.4:**

a)
1. Philosophen schreiben dunkel und verdienen kein Geld mit ihren Schriften.
2. Wenn Philosophen nicht dunkel schreiben, verdienen sie Geld mit ihren Schriften.
3. Entweder schreiben Philosophen dunkel oder sie verdienen Geld mit ihren Schriften.

b) 1. Wenn die Vielheit nur Schein ist und das Wahre das Ganze, dann liegt die Bewegung nicht außerhalb des Dingseins.
2. Die Vielheit ist nur Schein und wenn das Wahre das Ganze ist, dann liegt die Bewegung nicht außerhalb des Dingseins.
3. Die Vielheit ist genau dann nicht nur Schein, wenn es nicht der Fall ist, daß die Bewegung nicht außerhalb des Dingseins liegt oder das Wahre das Ganze ist.

Kommentar: !

Beachten Sie die Notwendigkeit, Betonung (oder ähnliche Mittel) zur Strukturierung des letzten Satzes im „Philosophenjargon" einzusetzen.

1.3 Klammern, Hauptoperator, Klammerfreie Schreibweise

(Lösungen ab Seite 9)

Mit der Bezeichnung „Klammerkonvention" beziehen wir uns auf folgende Vereinbarung:

1. In einer Formel können die beiden Außenklammern weggelassen werden.
2. Bei benachbarten unterschiedlichen Operatoren können die Klammern um den bindungsstärkeren Operator weggelassen werden. Die Bindungsstärke der Operatoren nimmt in folgender Reihenfolge ab: $\sim, |, \dagger, \wedge, \vee, \supset, \equiv$.
3. Bei benachbarten gleichen Operatoren können die Klammern um die linken Operatoren weggelassen werden.

Aufgabe 1.3.1: ◁◁◁

In den folgenden Formeln sind Klammern entsprechend der Klammerkonvention weggelassen worden. Setzen Sie in den Formeln alle Klammern, um die Ausgangsformel wieder herzustellen!

a) $p \supset q \wedge \sim q$

b) $(p \supset q) \wedge \sim q \supset \sim p$

c) $p \wedge (q \supset r) \supset r \wedge \sim p$

d) $\sim(\sim p \wedge \sim q) \supset p \vee q$

e) $(p \supset q \supset r) \vee q \wedge r \vee \sim p \supset q$

▷▷▷ **Aufgabe 1.3.2:**
Entfernen Sie in den folgenden Formeln alle gemäß der Klammerkonvention überflüssigen Klammern:

a) $((p \wedge q) \wedge \sim q)$
b) $((p \supset q) \wedge (\sim q \wedge p))$
c) $(\sim(p \wedge q) \vee ((q \dagger p) \supset \sim p))$
d) $((p \vee (q \wedge \sim q)) \equiv (p \supset (\sim q \vee p)))$
e) $((((p \supset q) \supset r) \wedge (p \wedge r)) \vee \sim(q \vee q))$

▷▷▷ **Aufgabe 1.3.3:**
Welches ist der Hauptoperator in den folgenden Formeln?

a) $\sim p$
b) $p \supset q \supset p \supset p$
c) $\sim(p \dagger p)$
d) $(p \supset q) \vee (q \supset p) \triangle (r \equiv p)$
e) $q \supset r \supset (p \supset q \supset (p \supset r))$

Aussagenlogische Formeln können in einer klammerfreien, polnischen Notation aufgeschrieben werden. Dabei werden die durch die Operatoren verbundenen Teilformeln den Operatoren nachgestellt, ein n–stelliger Operator bezieht sich auf die folgenden n Formelausdrücke in der Reihenfolge ihres Vorkommens. Dies wird beispielsweise mit folgender Definition für eine Sprache mit den Operatoren Negation N, Konjunktion K, Adjunktion A, Subjunktion C und Bisubjunktion E erreicht (als Metavariablen für Formeln werden kleine griechische Buchstaben verwendet):

1. *Alleinstehende Aussagenvariablen sind aussagenlogische Formeln.*
2. *Wenn α und β aussagenlogische Formeln sind, sind auch $N\alpha$; $K\alpha\beta$, $A\alpha\beta$, $C\alpha\beta$ und $E\alpha\beta$ aussagenlogische Formeln.*
3. *Nichts anderes ist eine aussagenlogische Formel.*

▷▷▷ **Aufgabe 1.3.4:**
Übersetzen Sie folgende Formeln in die klammerfreie Schreibweise:

a) $p \vee \sim p$
b) $p \supset q \supset p \supset r$
c) $(r \wedge \sim r) \supset q$
d) $((p_1 \vee p_2) \equiv (\sim p_2 \vee \sim p_1))$
e) $(p \supset q \supset r) \vee q \wedge r \vee \sim p \supset q$

Aufgabe 1.3.5: ◁◁◁

Übersetzen Sie folgende in der klammerfreien, polnischen Schreibweise notierten Formeln in die geklammerte Schreibweise mit Operatorensymbolen:

a) $CpNq$

b) $CNpCqp$

c) $CKpqKqp$

d) $CNKpqANpNq$

e) $CKKCpNqCrp_1AprANqp_1$

Lösungen

Lösung

Lösung 1.3.1: 1.3.1

a) $(p \supset (q \wedge \sim q))$

Kommentar: !

Die Klammer um $q \wedge \sim q$ muß man setzen, weil die Konjunktion stärker als die Subjunktion bindet. Schließlich muß immer die Außenklammer um die gesamte Formel gesetzt werden.

b) $(((p \supset q) \wedge \sim q) \supset \sim p)$

Kommentar: !

Die Konjunktion bindet stärker als die Subjunktion, also muß eine Klammer um die gesamte durch die Konjunktion gebildete Teilformel gesetzt werden: $((p \supset q) \wedge \sim q) \supset \sim p$. Darüber hinaus muß die Außenklammer gesetzt werden.

c) $((p \wedge (q \supset r)) \supset (r \wedge \sim p))$

d) $(\sim(\sim p \wedge \sim q) \supset (p \vee q))$

e) $(((((p \supset q) \supset r) \vee (q \wedge r)) \vee \sim p) \supset q)$

Lösung 1.3.2: 1.3.2

a) $p \wedge q \wedge \sim q$

Kommentar: !

Die Außenklammer kann man immer weglassen. Außerdem kann die Klammer um $p \wedge q$ weggelassen werden, weil von links geklammert ist und die benachbarten Operatoren gleich sind.

b) $(p \supset q) \wedge (\sim q \wedge p)$

Kommentar: !

Die Klammer um $p \supset q$ muß bleiben, weil die Subjunktion nicht so stark bindet wie die Konjunktion. Die Klammer um die rechte Konjunktion bleibt, weil der rechte zweier gleicher benachbarter Operatoren geklammert ist. Sie muß also bleiben, wenngleich die obige Formel zu der Formel $(p \supset q) \wedge {\sim}q \wedge p$ äquivalent ist – dies spielt jedoch im gegebenen Zusammenhang keine Rolle.

c) ${\sim}(p \wedge q) \vee (q \dagger p \supset {\sim}p)$

! **Kommentar:**
Die erste Negation bezieht sich auf $(p \wedge q)$, deshalb muß die Klammer bleiben. Weil † stärker bindet als ⊃, kann die Klammer um $q \dagger p$ weggelassen werden.

d) $p \vee q \wedge {\sim}q \equiv p \supset {\sim}q \vee p$

e) $(p \supset q \supset r) \wedge (p \wedge r) \vee {\sim}(q \vee q)$

! **Kommentar:**
Die Klammer um $p \wedge r$ muß bleiben – siehe b).

1.3.3 **Lösung 1.3.3:**

a) Einziger Operator und damit Hauptoperator ist die Negation.
b) Die letzte Subjunktion ist der Hauptoperator.
c) Die Negation ist der Hauptoperator, weil zunächst die Negatkonjunktion in der Klammer ausgeführt werden muß.
d) Zuerst werden die Operationen in den Klammern ausgeführt, dann die Konjunktion, weil sie stärker bindet als die Adjunktion. Letztere ist der Hauptoperator.
e) Die zweite Subjunktion ist der Hauptoperator.

1.3.4 **Lösung 1.3.4:**

a) $ApNp$

! **Kommentar:**
Der Hauptoperator der Formel ist eine Adjunktion, daher das A zu Beginn der polnischen Notation. Nun muß als Nächstes das Vorderglied („p“) und dann das Hinterglied der Formel („Np“) notiert werden.

b) $CCCpqpr$

! **Kommentar:**
Der Hauptoperator der Formel ist eine Subjunktion, daher das erste „C“. Nun müssen nacheinander das Vorderglied und dann das Hinterglied der Subjunktion geschrieben werden. Das Vorderglied ist eine Subjunktion (zweites „C“) einer Subjunktion (drittes „C“) von p und q und p; Hinterglied der ersten Subjunktion ist r.

c) $CKrNrq$

d) $EAp_1p_2ANp_2Np_1$

e) $CAACCpqrKqrNpq$

Lösung 1.3.5: 1.3.5

a) $p \supset \sim q$
Kommentar: !
Zu Beginn steht ein C, der Hauptoperator der Fomel ist also eine Subjunktion. In der polnischen Notation folgt nun das Vorderglied, das ist lediglich p, weil kein weiterer Operator folgt. Der verbleibende Rest ist das Hinterglied, also $\sim q$.
b) $\sim p \supset (q \supset p)$
c) $p \wedge q \supset q \wedge p$
Kommentar: !
Hauptoperator der gesuchten Formel muß eine Subjunktion sein, denn in der klammerfreien Schreibweise beginnt sie mit einem „C“. Das verbindet die darauf folgenden kompletten Formeln. Erste Formel ist Kpq, also die Konjunktion von p und q und damit das gesuchte Vorderglied der Subjunktion. Die zweite ganze Formel ist Kqp – die Konjunktion im Hinterglied der Lösung.
d) $\sim(p \wedge q) \supset \sim p \vee \sim q$
e) $(p \supset \sim q) \wedge (r \supset p_1) \wedge (p \vee r) \supset \sim q \vee p_1$

1.4 Richtig oder Falsch?

(Lösungen ab Seite 167)

Aufgabe 1.4.1: ◁◁◁

a) Jede aussagenlogische Formel hat einen Hauptoperator.
b) Es gibt keine aussagenlogischen Formeln mit 0 Zeichen.
c) Es gibt keine aussagenlogischen Formeln mit 0 Aussagenvariablen.
d) Es gibt keine aussagenlogischen Formeln mit 0 Operatoren.
e) Es gibt keine aussagenlogischen Formeln mit 0 Klammern.

Kapitel 2

Semantik der Aussagenlogik: Aussagenalgebra

2.1 Entscheidungsverfahren und Äquivalenz

(Lösungen ab Seite 17)

Eine aussagenlogische Formel ist genau dann

erfüllbar
wenn es eine Belegung der vorkommenden Aussagenvariablen mit Wahrheitswerten gibt, bei der sie den Wert `w` annimmt;

tautologisch
wenn sie bei jeder Belegung der vorkommenden Aussagenvariablen mit Wahrheitswerten den Wert `w` annimmt;

kontradiktorisch
wenn sie bei jeder Belegung der vorkommenden Aussagenvariablen mit Wahrheitswerten den Wert `f` annimmt; und

logisch indeterminiert
wenn sie bei mindestens einer Belegung der vorkommenden Aussagenvariablen mit Wahrheitswerten den Wert `w` annimmt und bei mindestens einer Belegung der vorkommenden Aussagenvariablen mit Wahrheitswerten den Wert `f` annimmt.

Logisch indeterminierte Formeln werden auch als *erfüllbare nicht-tautologische* Formeln bezeichnet.
Aussagenlogische Formeln sind genau dann **äquivalent**, wenn sie bei jeder gemeinsamen Belegung für die in ihnen vorkommenden Aussagenvariablen den gleichen Wahrheitswert annehmen.

▷▷▷ **Aufgabe 2.1.1:**
Ermitteln Sie mit Hilfe von Wahrheitstabellen, welche der folgenden Formeln Tautologien, welche Kontradiktionen und welche logisch indeterminiert sind:
a) $\sim(p \supset \sim p)$
b) $p \supset q \vee \sim q$
c) $\sim(\sim p \wedge \sim q) \supset p \wedge q$
d) $(p \supset q \wedge \sim q) \wedge p$
e) $p|p \equiv p \wedge q$
f) $p \wedge q \supset r$
g) $p \wedge q \supset r \supset (p \supset (q \supset r))$
h) $p \wedge (q \supset r) \supset r \wedge \sim p$
i) $p \wedge q \supset r \supset (p \supset r) \wedge (q \supset r)$

▷▷▷ **Aufgabe 2.1.2:**
Welche der Formeln sind jeweils semantisch äquivalent?
a) $(p \supset q) \wedge (p \supset r)$ und $p \supset q \wedge r$
b) $(p \supset q) \wedge (r \supset q)$ und $p \vee r \supset q$
c) $p \supset \sim q$, $\sim(p \supset q)$, $p \wedge \sim q$, $\sim(p \wedge q)$, $p \supset q \supset p$ und $\sim p \vee \sim q$

▷▷▷ **Aufgabe 2.1.3:**
Beweisen Sie folgende Äquivalenzen:
a) $A \supset B \approx \sim B \supset \sim A$
b) $\sim(A \supset B) \approx A \wedge \sim B$
c) $A \equiv B \approx (\sim A \vee B) \wedge (A \vee \sim B)$

▷▷▷ **Aufgabe 2.1.4:**
Überprüfen Sie mit Hilfe des verkürzten Entscheidungsverfahrens, ob die folgenden Formeln Tautologien sind oder nicht:
a) $p \supset q \wedge \sim q$
b) $p \supset q \supset (q \supset r \supset (p \supset r))$
c) $q \supset r \supset (p \supset (r \supset q))$
d) $p \supset q \supset (\sim q \supset \sim p)$
e) $\sim p \wedge \sim q \supset \sim(q \vee p)$

f) $(p \supset r) \wedge (q \supset r) \wedge r \supset p \wedge q$
g) $\sim p \wedge \sim q \supset \sim(\sim p \supset q)$
h) $p \supset (\sim p \wedge \sim q \supset \sim(\sim q \supset p))$
i) $p \supset (q \supset r) \supset (p \supset q \supset (r \supset p))$
j) $(p \supset r) \wedge (q \supset r) \supset (\sim r \supset p \wedge q)$
k) $(p \supset r) \vee (q \supset r) \supset (p \vee q \supset r)$
l) $(p \vee q) \equiv \sim(\sim p \wedge \sim q)$
m) $(p \supset r) \wedge (q \supset r) \supset (r \supset p \wedge q)$
n) $(p \equiv q) \wedge (p_1 \equiv q_1) \supset (p \supset p_1 \supset (q \supset q_1))$
o) $(p_1 \supset q) \wedge (p_2 \supset r) \wedge \sim(q \vee r) \supset p_1 \dagger p_2$
p) $(p \supset p_1) \vee (p \supset p_2) \supset (p_1 \vee p_2 \supset p)$
q) $p_1 \supset \sim q \supset ((p_2 \supset \sim r) \wedge \sim q \dagger \sim r \supset p_1 \dagger p_2)$

Aufgabe 2.1.5: ◁◁◁

Zusätzlich zum bekannten Alphabet definieren wir folgenden Operator:

A	B	$A \subset B$
w	w	w
w	f	w
f	w	f
f	f	w

Überprüfen Sie mit Hilfe des verkürzten Entscheidungsverfahrens ob die folgenden Formeln Tautologien sind, oder nicht:

a) $p \supset q \supset (q \subset p)$
b) $p \supset q \supset (\sim p \subset \sim q)$

Aufgabe 2.1.6: ◁◁◁

a) Geben Sie Formeln A, B und C an, die den folgenden Wertetabellen genügen! In ihnen sollen alle aufgeführten Aussagenvariablen vorkommen.

p	q	r	A	B	C
w	w	w	f	w	f
w	w	f	w	w	f
w	f	w	f	w	f
w	f	f	f	f	w
f	w	w	f	w	w
f	w	f	f	w	f
f	f	w	w	w	f
f	f	f	f	f	w

b) Wie lassen sich systematisch Formeln zu vorgegebenen Wertetabellen finden?

▷▷▷ **Aufgabe 2.1.7:**
Konstruieren Sie eine Formel mit drei Variablen (p, q und r), die genau dann wahr wird, wenn ...
a) ... genau je zwei der Variablen wahr sind!
b) ... höchstens zwei der Variablen wahr sind!
c) ... mindestens zwei der Variablen wahr sind!
d) ... höchstens zwei der Variablen falsch sind!
e) ... mindestens zwei der Variablen falsch sind!

▷▷▷ **Aufgabe 2.1.8:**
Geben Sie eine Menge von drei nicht gemeinsam erfüllbaren Formeln an, von denen aber je zwei gemeinsam erfüllbar sind!

▷▷▷ **Aufgabe 2.1.9:**
Verneinen Sie folgende Aussagen:
a) Ich gehe ins Theater oder ins Kino.
b) Ich kam, (und) ich sah, (und) ich siegte.
c) Wenn es regnet, wird die Straße naß.
d) Entweder war der Gärtner der Mörder oder der Butler.
e) Wenn ich die Logik-Klausur bestehe, mache ich meine Zwischenprüfung oder gehe für ein Jahr nach Frankreich.

Überprüfen Sie Ihr Ergebnis: Formalisieren Sie die unnegierten obigen Aussagen und setzen Sie die Negation davor. Formalisieren Sie nun Ihre negierten Aussagen auf analoge Weise und prüfen Sie, ob die jeweils entsprechenden einander äquivalent sind

▷▷▷ **Aufgabe 2.1.10:**
Aus Smullyans „Logik-Ritter und andere Schurken“ ([4])
McGregor führte einst auf der Insel der Ritter (diese sagen *immer* die Wahrheit) und der Schurken (diese lügen stets) eine Volkszählung durch. Er befragte vier Ehepaare, wer von ihnen Ritter und wer Schurke wäre. Dabei geschah folgendes:
a) Im ersten Haus rief die Frau ärgerlich: „Wir sind beide Schurken!“
b) Im zweiten Haus fragte McGregor: „Sind Sie beide Schurken?“ – „Mindestens einer von uns!“ war die Antwort.
c) „Wenn ich ein Ritter bin, so ist meine Frau auch einer.“ sprach der Mann im dritten Haus.
d) „Mein Mann und ich sind vom gleichen Typ“, freute sich die Frau im vierten Haus, „entweder sind wir beide Schurken oder beide Ritter!“

Wer von den acht Ehepartnern ist nun Ritter und wer Schurke?
TIP: Gegeben sind in jedem Haus zwei Inselbewohner P_1 und P_2 und q_i sei die Aussage, daß P_i ein Ritter ist (für i=1 oder i=2). Dann ist $\sim q_i$ die Aussage, daß P_i ein Schurke ist. Jetzt hören wir, daß P_1 die Aussage A behauptet. Wir wissen aber: Wenn P_1 ein Ritter ist, dann ist A wahr, außerdem ist dann auch q_1 wahr. Wenn q_1 jedoch falsch ist, dann ist P_1 ein Schurke und dann ist auch A falsch. Also ist die Aussage $q_1 \equiv A$ unter den gegebenen Umständen stets wahr. Man bringe nun jeweils die Aussagen der Inselbewohner in die Form einer Formel A mit den Variablen q_1 und q_2, dann dürfte es nicht mehr schwer fallen, die nötigen Informationen zu bekommen.

Lösungen

Lösung

Lösung 2.1.1:

2.1.1

a) Die Formel ist *logisch indeterminiert*:

$\sim$	(	p	$\supset$	$\sim$	p	)
w		w	f	f	w	
f		f	w	w	f	
5		1	4	3	2	

Kommentar:

!

Eine Wertetabelle wird entlang der Formeldefinition aufgebaut: Alle möglichen Belegungen für die vorkommenden Aussagenvariablen werden solange auf die Teilformeln übertragen, bis der Werteverlauf der Formel feststeht. Die Aussagenvariable p kann einen der beiden Wahrheitswerte w oder f annehmen. Da wir beide Fälle zu berücksichtigen haben, haben wir zwei Zeilen in der Tabelle. In den Spalten 1 und 2 sind die beiden möglichen Wahrheitswerte für p jeweils eingetragen. Die Werte in Spalte 3 ergeben sich als Negation der Werte der Spalte 2; im nächsten Schritt werden die Werte für Spalte 4 berechnet. Sie ergeben sich nach der Tabelle der Subjunktion aus den Werten der Spalten 1 und 3. Die Negation in Spalte 5 bezieht sich auf die gesamte Teilformel in der Klammer, die Werte dieser Spalte sind also die Negationen der Werte der Spalte 4. Diese Negation ist auch der Hauptoperator der Formel. Die Werte unter dem Hauptoperator sind nun die Werte, die die gesamte Formel bei den entsprechenden Belegungen der vorkommenden Variablen annimmt. In diesem Fall kann die Formel also – je nachdem, welchen Wert p hat – sowohl den Wert w (in Zeile 1, Spalte 5) als auch den Wert f (in Zeile 2, Spalte 5) annehmen. Sie ist also logisch indeterminiert.

b) Die Formel ist eine *Tautologie*:

p	$\supset$	q	$\vee$	$\sim$	q
w	w	w	w	f	w
w	w	f	w	w	f
f	w	w	w	f	w
f	w	f	w	w	f
1	4	1	3	2	1

! **Kommentar:**

Die Aussagenvariable p kann wahr oder falsch sein. Bei wahrem p kann die Aussagenvariable q ihrerseits wahr oder falsch sein, bei falschem p ebenfalls. Wir haben also vier mögliche Belegungen mit Wahrheitswerten zu berücksichtigen. Allgemein gilt: Bei n vorkommenden verschiedenen Aussagenvariablen müssen 2^n mögliche Wertekombinationen berücksichtigt werden.

Im ersten Schritt werden wieder Wahrheitswerte unter die vorkommenden Variablen geschrieben, diesmal in vier Zeilen, damit alle möglichen Kombinationen abgedeckt werden. Unter gleichen Variablen stehen dabei die gleichen Werte. Im zweiten Schritt wird das zweite q negiert. Weil die Adjunktion stärker bindet als die Subjunktion, muß sie zuerst ausgerechnet werden (3.), wobei das erste Adjunktionsglied das erste q und das zweite Adjunktionsglied die *Negation* des zweiten q ist. Als viertes und letztes werden die Werte für die Subjunktion mit p als Antezedens und der Adjunktion als Konsequens berechnet. Die Subjunktion ist der Hauptoperator und wird immer wahr, egal, welche Werte die Variablen annehmen. Die Formel ist also eine Tautologie.

c) Die Formel ist *logisch indeterminiert*:

$\sim$	(	$\sim$	p	$\wedge$	$\sim$	q	)	$\supset$	p	$\wedge$	q
w		f	w	f	f	w		w	w	w	w
w		f	w	f	w	f		f	w	f	f
w		w	f	f	f	w		f	f	f	w
f		w	f	w	w	f		w	f	f	f
4		2	1	3	2	1		5	1	3	1

d) Die Formel ist eine *Kontradiktion.*

e) Die Formel ist *logisch indeterminiert.*

f) Die Formel ist *logisch indeterminiert*:

p	$\wedge$	q	$\supset$	r
w	w	w	w	w
w	w	w	f	f
w	f	f	w	w
w	f	f	w	f
f	f	w	w	w
f	f	w	w	f
f	f	f	w	w
f	f	f	w	f
1	2	1	3	1

Kommentar: !

Zuerst werden wieder alle möglichen Kombinationen von Wahrheitswerten unter die Variablen geschrieben, dafür werden bei drei verschiedenen Variablen acht Zeilen benötigt. Wegen der Bindungsstärke wird dann zunächst die Konjunktion und danach der Hauptoperator, die Subjunktion, berechnet.

g) Die Formel ist eine *Tautologie*:

p	$\wedge$	q	$\supset$	r	$\supset$	(	p	$\supset$	(	q	$\supset$	r	)	)
w	w	w	w	w	w		w	w		w	w	w		
w	w	w	f	f	w		w	f		w	f	f		
w	f	f	w	w	w		w	w		f	w	w		
w	f	f	w	f	w		w	w		f	w	f		
f	f	w	w	w	w		f	w		w	w	w		
f	f	w	w	f	w		f	w		w	f	f		
f	f	f	w	w	w		f	w		f	w	w		
f	f	f	w	f	w		f	w		f	w	f		
1	2	1	3	1	4		1	3		1	2	1		

h) Die Formel ist *logisch indeterminiert.*

i) Die Formel ist *logisch indeterminiert.*

Lösung 2.1.2: 2.1.2

a) Die beiden Formeln sind äquivalent.

Kommentar: !

In einer Tabelle wie der folgenden trägt man den Werteverlauf der beiden Formeln ein, abhängig von den Werten der Variablen p, q und r.

p	q	r	$p \supset q$	$p \supset r$	$(p \supset q) \wedge (p \supset r)$	$q \wedge r$	$p \supset q \wedge r$
w	w	w	w	w	w	w	w
w	w	f	w	f	f	f	f
w	f	w	f	w	f	f	f
w	f	f	f	f	f	f	f
f	w	w	w	w	w	w	w
f	w	f	w	w	w	f	w
f	f	w	w	w	w	f	w
f	f	f	w	w	w	f	w

Unter den beiden Formeln $(p \supset q) \wedge (p \supset r)$ und $p \supset q \wedge r$ ergibt sich der gleiche Werteverlauf, d. h. bei beliebigen Werten der Variablen p, q und r nehmen die beiden Formeln den gleichen Wert an. Sie sind also semantisch äquivalent.

b) Die Formeln sind äquivalent.

c) Die Formeln $p \supset \sim q$, $\sim(p \wedge q)$ und $\sim p \vee \sim q$ sind äquivalent. Die Formeln $\sim(p \supset q)$ und $p \wedge \sim q$ sind ebenfalls äquivalent.

2.1.3 **Lösung 2.1.3:**

a)

A	B	$A \supset B$	$\sim B$	$\sim A$	$\sim B \supset \sim A$
w	w	w	f	f	w
w	f	f	w	f	f
f	w	w	f	w	w
f	f	w	w	w	w

! **Kommentar:**

Weil unter den Formelschemata $A \supset B$ und $\sim B \supset \sim A$ in der Wertetabelle die gleichen Werte stehen, ist die Äquivalenz der beiden Formelschemata gezeigt.

Die Spalten für $\sim B$ und $\sim A$ sind für die Lösung der Aufgabe nicht relevant, sie sind aber hilfreich bei der Berechnung der Werte der Formel $\sim B \supset \sim A$.

b)

A	B	$A \supset B$	$\sim(A \supset B)$	$\sim B$	$A \wedge \sim B$
w	w	w	f	f	f
w	f	f	w	w	w
f	w	w	f	f	f
f	f	w	f	w	f

! **Kommentar:**

Auch in dieser Tabelle (ebenso wie in der folgenden) stehen einige Spalten nur der Übersichtlichkeit wegen.

c)

A	B	$A \equiv B$	$\sim A \vee B$	$A \vee \sim B$	$(\sim A \vee B) \wedge (A \vee \sim B)$
w	w	w	w	w	w
w	f	f	f	w	f
f	w	f	w	f	f
f	f	w	w	w	w

Lösung 2.1.4: 2.1.4

a) $p \supset q \wedge \sim q$

1. f
2. w f
3. f wf

Die Formel ist *keine Tautologie.*

Kommentar: !

Der Übersichtlichkeit wegen ist jeder Schritt in einer einzelnen Zeile dargestellt:

Schritt 1 – Angenommen, die Formel ist *keine* Tautologie. Dann gibt es (mindestens) eine Belegung der vorkommenden Variablen, bei der sie den Wert f annimmt. Betrachten wir eine solche Belegung. Unter dem Hauptoperator der Formel wird „f" eingetragen.

Schritt 2 – Der Hauptoperator ist eine Subjunktion, daher muß, wenn die gesamte Formel den Wert f annimmt, das Antezedens den Wert w und das Konsequens den Wert f annehmen.

Schritt 3 – Damit das Konsequens den Wert f annimmt, genügt es offenbar, daß q den Wert f hat.

Es gibt also (mindestens) eine Belegung, bei der die Formel den Wert f annimmt, sie ist also *keine* Tautologie. Das bedeutet natürlich *nicht*, daß sie eine Kontradiktion sein muß! Sie könnte nämlich auch logisch indeterminiert sein.

b) $p \supset q \supset (q \supset r \supset (p \supset r))$

1. f
2. w f
3. w f
4. w f
5. w f
6. w f

Widerspruch, die Formel ist eine *Tautologie.*

Kommentar: !

Schritt 1 – Angenommen, die Formel ist *keine* Tautologie. Dann gibt es (mindestens) eine Belegung der vorkommenden Variablen, bei der sie

den Wert `f` annimmt. Betrachten wir eine solche Belegung. Unter dem Hauptoperator der Formel wird „`f`" eingetragen.
Schritt 2 – Der Hauptoperator ist eine Subjunktion, daher muß das Antezedens den Wert `w` und das Konsequens den Wert `f` annehmen.
Schritt 3 – Für die wahre Subjunktion gibt es drei mögliche Belegungen von deren Antezedens und Konsequens, daher wird zunächst die falsche Subjunktion betrachtet. Die kann wiederum nur dann den Wert `f` annehmen, wenn ihr Antezedens und Konsequens jeweils den Wert `w` beziehungsweise `f` annehmen.
Schritt 4 – Vergleiche Schritt 3. Zwei der Aussagenvariablen haben Wahrheitswerte erhalten.
Schritt 5 – Die bekannten Wahrheitswerte der Aussagenvariablen werden übertragen.
Schritt 6 – Wegen Schritt 2 und Schritt 5 erhält die Variable q den Wert `w`, wegen Schritt 3 und Schritt 5 muß ihr der Wert `f` (jeweils wegen der semantischen Definition der Subjunktion) zugeschrieben werden.
Führt die Annahme, daß die Gesamtformel bei einer Belegung der Aussagenvariablen mit Wahrheitswerten den Wert `f` annimmt, dazu, daß einer Teilformel sowohl der Wert `w` als auch der Wert `f` zugeschrieben werden *muß*, so kann es offenbar keine solche Belegung geben. Das heißt, daß es keine Belegung derart gibt, daß die Formel den Wert `f` annimmt. Sie nimmt also bei allen Belegungen den Wert `w` an und ist folglich eine Tautologie.

c) $(q \supset r) \supset (p \supset (r \supset q))$
 `fww f wf wff`
Kein Widerspruch – die Formel ist keine Tautologie

! **Kommentar:**
Genau wie in den vorangegangenen Aufgaben wird versucht, eine Belegung der Formel zu finden, bei der diese den Wert `f` annimmt. Dabei ergibt sich kein Widerspruch, die angegebene Belegung ist eine der gesuchten Art. Die Formel ist also keine Tautologie.

d) $(p \supset q) \supset (\sim q \supset \sim p)$
 `wwf f wfffw` (mit $\underline{w}\,\underline{w}\,\underline{f}$ unterstrichen)
Widerspruch – die Formel ist eine Tautologie

! **Kommentar:**
Beim Versuch, eine Belegung für die Formel zu konstruieren, bei der sie den Wert `f` annimmt, ergibt sich folgender Widerspruch: Der vorderen Subjunktion muß nämlich der Wert `w` zugeordnet werden, während sich im hinteren Teil der Formel ergibt, daß p den Wert `w` und q den Wert `f` annehmen muß. Dann hätte jedoch die vordere Subjunktion den Wert

f. Widerspruch! Es läßt sich also keine Belegung der Formel finden, bei der sie den Wert f annimmt, sie ist daher eine Tautologie.

e) $\sim p \wedge \sim q \supset \sim (q \vee p)$

$\mathtt{w\,f\,w\,w\,f\,f\,f\;\underline{f}\underline{w}\underline{f}}$

Widerspruch – die Formel ist eine Tautologie.

f) $(p \supset r) \wedge (q \supset r) \wedge r \supset p \wedge q$

$\mathtt{f\,w\,w\;w\;f\,w\,w\;w\,w\,f\,f\,f\,f}$

Kein Widerspruch – die Formel ist keine Tautologie

g) Tautologie

h) Tautologie

i) Keine Tautologie

j) Keine Tautologie

k) $(p \supset r) \vee (q \supset r) \supset (p \vee q \supset r)$

1. $\mathtt{f\;w\quad f\;f\quad w\;ff}$
2. $\mathtt{w\underline{f}\quad \underline{w}\;w\underline{f}\quad w\;\;w}$ erster Fall Widerspruch.
3. $\mathtt{wf\quad fw\quad w\;\;f}$ zweiter Fall, kein Widerspruch.

Die Formel ist keine Tautologie

Kommentar: !

Zunächst wird wie üblich unter der Annahme, die gesamte Formel nehme den Wert f an, begonnen, die entsprechende Belegung der Variablen zu finden. Nachdem man jedoch alle Wahrheitswerte, die sich direkt aus der Annahme ergeben, unter die Operatoren und Variablen geschrieben hat (Zeile 1.), bleiben für die Belegung der Variablen p und q drei Möglichkeiten offen. Mindestens eine der beiden muß den Wert w haben, weil $p \vee q$ den Wert w hat. Alle drei Fälle müssen voraussichtlich getestet werden.

Der erste Fall, beide haben den Wert w, führt zum Widerspruch. Das heißt aber nicht, daß die Formel eine Tautologie ist, denn für die Widerlegung dieser Vermutung genügt es ja, nur einen einzige Belegung zu finden, bei der die Formel den Wert f annimmt. Das könnte bei den verbleibenden zwei Belegungen der Fall sein.

Der zweite Fall, nur p hat den Wert v, führt nicht zum Widerspruch. Eine Belegung ist also gefunden, bei der die gesamte Formel den Wert f annimmt. Sie ist folglich keine Tautologie. Der dritte Fall muß daher doch nicht mehr untersucht werden.

l) $(p \vee q) \equiv \sim (\sim p \wedge \sim q)$

1. $\mathtt{f}$
2. $\mathtt{\underline{f}\underline{w}\underline{f}\quad f\;\;w\,f\,w\,w\,f}$ erster Fall, Widerspruch.
3. $\mathtt{f\,f\,f\quad w\;\;\underline{w}\,f\,\underline{f}\,\underline{w}\,f}$ zweiter Fall, Widerspruch.

Die Formel ist eine Tautologie

! **Kommentar:**

Hier gibt es zwei Fälle zu untersuchen, da die Bisubjunktion (der Hauptoperator) den Wert `f` annimmt, wenn das Vorderglied wahr und das Hinterglied falsch ist oder umgekehrt. Der erste Fall führt zum Widerspruch. Weil jedoch der zweite Fall möglicherweise eine Belegung ist, bei der die Formel den Wert `f` annimmt, muß er auch untersucht werden. Er führt ebenfalls zum Widerspruch. Folglich gibt es keine Belegung, bei der die Formel den Wert `f` annimmt, sie ist eine Tautologie.

m) Keine Tautologie
n) Tautologie
o) Tautologie
p) Keine Tautologie
q) Tautologie

2.1.5 **Lösung 2.1.5:**

a) $p \supset q \supset (q \subset p)$
`wwff ffw`
Widerspruch – die Formel ist eine Tautologie.

! **Kommentar:**

Eine Formel mit dem Operator $\subset$ wird nur falsch, wenn das Hinterglied wahr und das Vorderglied falsch wird. Berücksichtigt man dies, erhält man nach gewohnter Anwendung des Verfahrens den Widerspruch.

b) $p \supset q \supset ({\sim} p \subset {\sim} q)$
`wwff fwf wf`
Widerspruch – die Formel ist eine Tautologie.

2.1.6 **Lösung 2.1.6:**

a) A: $(p \wedge q \wedge {\sim} r) \vee ({\sim} p \wedge {\sim} q \wedge r)$
B: ${\sim}(p \wedge {\sim} q \wedge {\sim} r) \wedge {\sim}({\sim} p \wedge {\sim} q \wedge {\sim} r)$ oder $(q \vee r) \vee (p \wedge {\sim} p)$
C: $(p \wedge {\sim} q \wedge {\sim} r) \vee ({\sim} p \wedge q \wedge r) \vee ({\sim} p \wedge {\sim} q \wedge {\sim} r)$

! **Kommentar:**

Es gibt weitere richtige Lösungen. Allerdings reicht die für B naheliegende Lösung $q \vee r$ nicht aus, denn es sollen alle Aussagenvariablen vorkommen.

b) Es gibt zwei Strategien, systematisch vorzugehen: Bei der ersten schaut man, unter welchen Bedingungen die gesuchte Formel, den Wert `w` annehmen soll. Bei Formel A aus der vorigen Aufgabe sind dies zwei Fälle. So soll z.B. A wahr werden, wenn p und q wahr, r jedoch falsch ist. Die

Formel $(p \land q \land \sim r)$ ist genau dann wahr. Ebenso ist $(\sim p \land \sim q \land r)$ genau dann wahr, wenn r wahr, p und q jedoch falsch sind. Wenn man nun diese beiden Formeln mit *oder* verknüpft, wird die erhaltene Formel genau in den beiden geforderten Fällen wahr, in den übrigen falsch.
Bei der zweiten Strategie schaut man, unter welchen Bedingungen die Formel den Wert `f` annehmen soll. Für die Formel B ist dies der bessere Weg, weil statt sechs nur zwei Fälle untersucht werden müssen. So ist offenbar die Formel $\sim(p \land \sim q \land \sim r)$ genau dann falsch, wenn p wahr, q und r aber falsch sind. Außerdem ist $\sim(\sim p \land \sim q \land \sim r)$ nur dann falsch, wenn alle drei Variablen falsch sind. Beide Formeln mit *und* verknüpft geben die gesuchte Formel B, weil die Konjunktion falsch wird, sobald eines ihrer Glieder falsch ist.

Lösung 2.1.7: 2.1.7

Mit Hilfe des in der vorigen Aufgabe vorgestellten systematischen Verfahrens erhält man folgende Lösungen (es gibt auch weitere):

a) $(p \land q \land \sim r) \lor (p \land \sim q \land r) \lor (p \land q \land \sim r)$

b) $\sim(p \land q \land r)$

c) $(p \land q \land \sim r) \lor (p \land \sim q \land r) \lor (p \land q \land \sim r) \lor (p \land q \land r)$

Kommentar: !

Eine elegante Lösung ist auch $(p \land q) \lor (q \land r) \lor (p \land r)$.

d) $\sim(\sim p \land \sim q \land \sim r)$

e) $(p \land \sim q \land \sim r) \lor (\sim p \land \sim q \land r) \lor (\sim p \land q \land \sim r) \lor (\sim p \land \sim q \land \sim r)$

Kommentar: !

Analog zu Aufgabe c) läßt sich folgendende Lösung finden:
$(\sim p \land \sim q) \lor (\sim q \land \sim r) \lor (\sim p \land \sim r)$

Lösung 2.1.8: 2.1.8

Eine mögliche Lösung ist folgende Menge: $\{p,\ q,\ \sim(p \land q)\}$.

Lösung 2.1.9: 2.1.9

a) p – „Ich gehe ins Theater“, q – „Ich gehe ins Kino“
Ursprüngliche Aussage: $p \lor q$
Verneinte Aussage: $\sim(p \lor q) \quad \approx \quad \sim p \land \sim q$
Ich gehe nicht ins Theater und nicht ins Kino.

b) p – „Ich kam“, q – „Ich sah“, r – „Ich siegte“
Ursprüngliche Aussage: $p \land q \land r$
Verneinte Aussage: $\sim(p \land q \land r) \quad \approx \quad \sim p \lor \sim q \lor \sim r$
Ich bin nicht gekommen, (oder) habe es nicht gesehen oder habe nicht gesiegt.

c) p – „Es regnet“, q – „Die Straße wird naß“
Ursprüngliche Aussage: $p \supset q$
Verneinte Aussage: $\sim(p \supset q) \quad \approx \quad p \wedge \sim q$
Es regnet und die Straße wird nicht naß.

d) p – „Der Gärtner war der Mörder“, q – „Der Butler war der Mörder“
Ursprüngliche Aussage: $\sim(p \equiv q)$
Verneinte Aussage: $p \equiv q$
Der Gärtner war der Mörder genau dann, wenn es auch der Butler war.

! **Kommentar:**
Der verneinte Satz schließt nicht aus, daß keiner von beiden der Mörder war.

e) p – „Ich bestehe die Logik–Klausur“, q – „Ich mache meine Zwischenprüfung“, r – „Ich gehe für ein Jahr nach Frankreich“
Ursprüngliche Aussage: $p \supset q \vee r$
Verneinte Aussage: $\sim(p \supset q \vee r) \approx p \wedge \sim(q \vee r) \approx p \wedge \sim q \wedge \sim r$
Ich mache nicht meine Zwischenprüfung und gehe nicht für ein Jahr nach Frankreich und ich bestehe meine Logik-Klausur.

2.1.10 **Lösung 2.1.10:**

a) Die Frau ist Schurkin und der Mann ein Ritter.
$A = \sim q_1 \wedge \sim q_2$ („Ich bin kein Ritter und mein Mann auch nicht.“)
$q_1 \equiv \sim q_1 \wedge \sim q_2$ ist genau dann wahr, wenn q_1 falsch und q_2 wahr ist. (Läßt sich leicht mit einer Wahrheitstabelle prüfen.)

b) Wer die Antwort gab ist ein Ritter und dessen Ehepartner ein Schurke.
$A = \sim q_1 \vee \sim q_2$ („Ich bin Schurke oder mein Ehepartner oder wir beide.“)
$q_1 \equiv \sim q_1 \vee \sim q_2$ ist wahr genau dann, wenn q_1 wahr und q_2 falsch ist

c) Beide sind Ritter. ($A = q_1 \supset q_2$)

d) Es gibt zwei Möglichkeiten:
1. Beide sind Ritter.
2. Die Frau ist Schurkin und der Mann Ritter.
Das heißt, daß der Mann ein Ritter ist und über die Frau logisch nichts folgt. ($A = q_1 \equiv q_2$)

2.2 Quasisyntaktische Definitionen, Funktionale Vollständigkeit und Unabhängigkeit

(Lösungen ab Seite 28)

Aufgabe 2.2.1: ◁◁◁

Definieren Sie ...

a) ... im System NS (bestehend aus **Negation** und **Subjunktion**) die Adjunktion, die Konjunktion, die Negatadjunktion und die Bisubjunktion!

b) ... in einem System mit den Grundoperatoren **Negatadjunktion, Negation** die Konjunktion!

c) ... in einer Aussagenalgebra mit den Operatoren **Negation** und **Konjunktion** folgende Operatoren: $\vee$, $\supset$, $\equiv$, $\dagger$!

d) ... in einem System von Grundoperatoren **Negatkonjunktion, Negation** die Subjunktion!

e) ... folgende zweistellige Funktionen im System mit den Operatoren Negation, Adjunktion und Subjunktion!

A	B	$F(A,B)$	$F'(A,B)$	$F''(A,B)$	$F'''(A,B)$
w	w	w	w	f	f
w	f	w	w	f	w
f	w	w	f	w	w
f	f	w	w	f	f

Aufgabe 2.2.2: ◁◁◁

Wir definieren die Operatoren Replikation ($\subset$), Disjunktion ($\asymp$) und Scharf ($\sharp$) wie folgt:

A	B	$A \subset B$	$A \asymp B$	$A \sharp B$
w	w	w	f	w
w	f	w	w	w
f	w	f	w	f
f	f	w	f	f

a) Definieren Sie im System aus Negation und Replikation die Subjunktion!

b) Definieren Sie im System aus Negation und Disjunktion die Bisubjunktion!

c) Definieren Sie Scharf quasisyntaktisch im System aus Negation, Adjunktion und Konjunktion unter Verwendung von mindestens zwei verschiedenen Metavariablen!

▷▷▷ **Aufgabe 2.2.3:**
Es gelten folgende quasisyntaktische Definitionen:
$(A \oplus B) \quad \equiv_{\text{Def.}} \quad (B \supset (B \wedge A))$
$(A \otimes B) \quad \equiv_{\text{Def.}} \quad (\sim B \vee (B \wedge A))$
a) Geben Sie die Wertetabelle für die Operatoren $\oplus$ und $\otimes$ an!
b) Überprüfen Sie, ob die folgende Formel eine Tautologie ist: $(p \oplus (p \wedge q))$

▷▷▷ **Aufgabe 2.2.4:**
Gegeben ist ein System mit den aussagenlogischen Operatoren Negation ($\sim$), Konjunktion ($\wedge$) und Adjunktion ($\vee$).
a) Welche Operatoren sind abhängig und welche unabhängig in diesem System?
b) Welche zwei der Grundoperatoren bilden ein funktional vollständiges System?

▷▷▷ **Aufgabe 2.2.5:**
Gegeben ist ist die funktional vollständige und funktional unabhängige Aussagenalgebra mit den Grundoperatoren $\sim, \vee$. Definieren Sie in diesem System von Grundoperatoren die Negatadjunktion und nennen Sie eine Teilmenge von Operatoren des neuen Systems für die gilt: sie bildet ein funktional unvollständiges und funktional unabhängiges System von Grundoperatoren.

▷▷▷ **Aufgabe 2.2.6:**
Beweisen Sie, daß das System von Grundoperatoren $\langle \sim, \wedge \rangle$ funktional vollständig ist und benutzen Sie dazu die funktionale Vollständigkeit von $\langle \sim, \vee \rangle$!

▷▷▷ **Aufgabe 2.2.7:**
Zeigen Sie, daß das System NS (mit den Grundoperatoren Negation und Subjunktion) funktional unabhängig ist!

Lösung

Lösungen

2.2.1 **Lösung 2.2.1:**

a) $A \vee B \quad \equiv_{\text{Def.}} \quad \sim A \supset B$
$A \wedge B \quad \equiv_{\text{Def.}} \quad \sim(A \supset \sim B)$
$A | B \quad \equiv_{\text{Def.}} \quad A \supset \sim B$
$A \equiv B \quad \equiv_{\text{Def.}} \quad \sim((A \supset B) \supset \sim(B \supset A))$

! **Kommentar:**
Die Adjunktion wird nur dann falsch, wenn beide Adjunktionsglieder

falsch sind. Die Subjunktion wird nur dann falsch, wenn das Antezedens wahr und das Konsequens falsch ist. Wenn müssen nun eine Subjunktion bekommen, die genau dann falsch wird, wenn A und B falsch sind. Diese Subjunktion ist offenbar $\sim A \supset B$, weil dann ihr Antezedens wahr und ihr Konsequens falsch ist.
Die Konjunktion wird nur wahr, wenn sowohl A als auch B wahr sind. Weil die Subjunktion nur bei einer Belegung falsch wird und sonst wahr ist, konstruieren wir also zunächst eine Subjunktion, die nur dann falsch wird, wenn A und B wahr sind – das ist $(A \supset \sim B)$ – und negieren diese dann. Die Formel $\sim(A \supset \sim B)$ wird also auch nur dann wahr, wenn sowohl A als auch B wahr sind. Sie ist äquivalent zu $A \wedge B$ und dient daher als quasisyntaktische Definition der Konjunktion.
Die Negatadjunktion ist bekanntlich die Negation der Konjunktion (also $A|B \approx \sim(A \wedge B)$). Die bereits gefundene quasisyntaktische Definition der Konjunktion in NS muß also nur noch negiert werden, um die der Negatadjunktion zu erhalten.
Für die Bisubjunktion wissen wir, daß die folgende Äquivalenz gilt: $A \equiv B \approx (A \supset B) \wedge (B \supset A)$. In der zweiten Formel müssen wir nur noch die Konjunktion beseitigen, indem wir die bereits gefundene Definition anwenden. Für das A in $\sim(A \supset \sim B)$ setzen wir also $(A \supset B)$ ein und für das B wird $(B \supset A)$ eingesetzt.

b) $A \wedge B \quad \equiv_{\text{Def.}} \quad \sim(A|B)$
c) $A \vee B \quad \equiv_{\text{Def.}} \quad \sim(\sim A \wedge \sim B)$
$A \supset B \quad \equiv_{\text{Def.}} \quad \sim(A \wedge \sim B)$
$A \equiv B \quad \equiv_{\text{Def.}} \quad \sim(A \wedge \sim B) \wedge \sim(B \wedge \sim A)$
$A \dagger B \quad \equiv_{\text{Def.}} \quad \sim A \wedge \sim B$
d) $A \supset B \quad \equiv_{\text{Def.}} \quad \sim(\sim A \dagger B)$
e) $F(A, B) \quad \equiv_{\text{Def.}} \quad A \vee \sim A \vee B$
$F'(A, B) \quad \equiv_{\text{Def.}} \quad \sim A \supset \sim B$
$F''(A, B) \quad \equiv_{\text{Def.}} \quad \sim(\sim A \supset \sim B)$
$F'''(A, B) \quad \equiv_{\text{Def.}} \quad \sim(\sim A \supset \sim B) \vee \sim(A \supset B)$

Kommentar: !

Bei der Definition von $F(A, B)$ hätte natürlich $A \vee \sim A$ oder auch $B \vee \sim B$ genügt. Da es sich bei F aber um eine Funktion mit zwei Argumenten handelt, ist es schöner, wenn beide Argumente auch in der Definition vorkommen.
Zu erwähnen ist noch, daß $\sim A \supset \sim B$ äquivalent zu $B \supset A$ ist, so daß z.B. $F'(A, B)$ auch durch $B \supset A$ definiert werden kann.

2.2.2 **Lösung 2.2.2:**

a) $A \supset B \quad \equiv_{\text{Def.}} \quad B \subset A$
b) $A \equiv B \quad \equiv_{\text{Def.}} \quad \sim(A \asymp B)$
c) $A \sharp B \quad \equiv_{\text{Def.}} \quad A \wedge (B \vee \sim B)$

! **Kommentar:**
Während die Definitionen von Subjunktion und Bisubjunktion oben „naheliegend" und „intuitiv" sind, gibt es hier mehrere auch intuitiv gleich gute Lösungen.

2.2.3 **Lösung 2.2.3:**

a)

A	B	$A \oplus B$
w	w	w
w	f	w
f	w	f
f	f	w

$[\approx B \supset (B \wedge A)]$

Die Wertetabelle für $(A \otimes B)$ ist mit der von $(A \oplus B)$ identisch.
b) Die Formel ist eine Tautologie.

2.2.4 **Lösung 2.2.4:**

a) Abhängig: $\vee$, $\wedge$
Unabhängig: $\sim$

! **Kommentar:**
Die Adjunktion ist abhängig, weil man sie durch Negation und Konjunktion definieren kann. Ebenso kann man die Konjunktion durch Negation und Adjunktion definieren, sie ist also auch abhängig.

b) Jeweils $\langle \sim, \wedge \rangle$ und $\langle \sim, \vee \rangle$ bilden ein funktional vollständiges System.

! **Kommentar:**
Durch $\sim$ und $\wedge$ kann man jeden beliebigen Operator definieren. Deswegen ist das System aus diesen beiden Operatoren funktional vollständig. Das gleiche gilt für $\langle \sim, \vee \rangle$.

2.2.5 **Lösung 2.2.5:**

$A \mid B \quad \equiv_{\text{Def.}} \quad \sim A \vee \sim B$;
$\langle \sim \rangle$ und auch $\langle \vee \rangle$ sind funktional unvollständig und (trivialerweise) unabhängig.

! **Kommentar:**
Die Negatadjunktion allein bildet ein vollständiges System, ist aber (trivialerweise) unabhängig; jedes System mit mehr als einem der drei Operatoren ist funktional vollständig, darunter sind drei funktional abhängige Systeme.

Lösung 2.2.6: 2.2.6

Wir müssen lediglich die Adjunktion im System $\langle \sim, \wedge \rangle$ definieren:
$A \vee B \quad \equiv_{\text{Def.}} \quad \sim(\sim A \wedge \sim B)$
Aufgrund der Vollständigkeit von $\langle \sim, \vee \rangle$ können wir jeden Operator durch Negation und Adjunktion definieren. Jede solche Definition läßt sich jedoch nun auf die Operatoren Negation und Konjunktion zurückführen (indem man obige Definition benutzt), und damit ist auch $\langle \sim, \wedge \rangle$ funktional vollständig.

Lösung 2.2.7: 2.2.7

Zu zeigen ist, daß die Subjunktion nicht durch die Negation (a) und die Negation nicht durch die Subjunktion (b) zu definieren ist.

a) Aus Variablen und der Negation lassen sich nur Formel der Form A, $\sim A$, $\sim\sim A$, ..., $\sim \ldots \sim A$ aufbauen. Diejenigen mit einer geraden Anzahl von $\sim$ sind zu A äquivalent, während die mit einer ungeraden Anzahl von $\sim$ zu $\sim A$ äquivalent sind. Es lassen sich also mit Hilfe der Negation nur solche zweistelligen Funktionen $F(A, B)$ definieren die mit A, $\sim A$, B oder $\sim B$ äquivalent sind. Keine von diesen ist jedoch die Subjunktion.

b) Daß sich die Negation nicht mit Hilfe der Subjunktion definieren läßt, zeigen wir durch Induktion über die Anzahl der Vorkommen von $\supset$ in der Definition. Eine quasisyntaktische Definition der Negation hätte nämlich die Form $\sim A \equiv_{\text{Def.}} B$, wobei B eine Fomel wäre, die nur Subjunktionen und Aussagenvariablen enthält. Der folgende Induktionsbeweis zeigt nun, daß für *jedes* B der beschriebenen Art $B \not\approx \sim A$ gilt, also daß durch keines der möglichen B die Negation definiert werden kann. Es sei $S(X)$ die Anzahl der Subjunktionen in der Formel X.
Induktionsanfang: $S(B) = 0$. Dann ist B eine Aussagenvariable und es gibt zwei Möglichkeiten: B ist gleich A oder nicht. In beiden Fällen jedoch gilt $B \not\approx \sim A$.
Induktionsannahme: Sei $n \geq 1$, dann gilt für jede Fomel X mit $S(X) < n$: $X \not\approx \sim A$.
Induktionsschritt: Es sei $S(B) = n$. Dann gibt es Formeln C und D, so daß $B = C \supset D$ und $S(C) < n$ und $S(D) < n$. Angenommen es gelte $\sim A \approx C \supset D$, dann ist gemäß der Wahrheitswerttabelle der Subjunktion C eine Tautologie und $D \approx \sim A$. Letzteres widerspricht jedoch der Induktionsannahme. Also gilt $A \not\approx C \supset D$ und damit auch $\sim A \not\approx B$, was zu zeigen war.

2.3 Ersetzung und Einsetzung

(Lösungen ab Seite 33)

Die Formel A' ist das Resultat einer

Ersetzung der Teilformel B in A durch C
wenn sie durch Substitution von 0 oder mehr Vorkommen von B durch C aus der Formel A erhalten wurde; und einer

Einsetzung von C für die Aussagenvariable a in A
wenn sie durch Substitution aller Vorkommen von a durch C aus der Formel A erhalten wurde.

▷▷▷ **Aufgabe 2.3.1:**
Gegeben ist folgende Formel: $\sim p \supset (p \supset p)$.
a) Nennen Sie *alle* Teilformeln dieser Formel!
b) Nennen Sie *alle* Resultate folgender Einsetzung:
$\sim p \supset (p \supset p)\{p \ / \ q \equiv \sim q\}$
c) Nennen Sie *alle* Resultate folgender Ersetzung:
$\sim p \supset (p \supset p)[p \ / \ q \equiv \sim q]$

▷▷▷ **Aufgabe 2.3.2:**
Geben Sie alle Formeln an, die mit folgenden Symbolen (mit eckigen Klammern für die Ersetzung und geschweiften Klammern für die Einsetzung) bezeichnet werden:
a) $((p_1 \vee p_2) \equiv (\sim p_2 \vee \sim p_1))[p_1 \ / \ p \equiv p]$
b) $((p_1 \vee p_2) \equiv (\sim p_2 \vee \sim p_1))\{p_1 \ / \ p \equiv p\}$
c) $((p_1 \vee p_2) \equiv (\sim p_2 \vee \sim p_1))\{p_1, p_2 \ / \ p \equiv p, p \equiv p\}$

▷▷▷ **Aufgabe 2.3.3:**
Betrachten Sie die Formel $(p \supset r) \wedge (q \supset r) \supset (p \vee q \supset r)$. Formulieren Sie eine Einsetzung für p und eine Ersetzung von p in der Formel so, daß diese beiden nicht untereinander äquivalent sind, und nennen Sie diejenige Ihrer Formeln, die zu der Ausgangsformel äquivalent ist!

▷▷▷ **Aufgabe 2.3.4:**
Angenommen, das Resultat einer Ersetzung $C[A \ / \ B]$ sei die aussagenlogische Formel $q \supset ((p \wedge q) \supset (p \wedge q))$, A sei die Formel p und B sei die Formel $p \wedge q$. Welche Formel ist dann C?

Lösungen

Lösung

Lösung 2.3.1:

2.3.1

a) p, $\sim p$, $p \supset p$, $\sim p \supset (p \supset p)$
Kommentar:
!
Anstelle der dritten Formel hätte man auch $(p \supset p)$ schreiben können, doch werden hier und im Folgenden Klammern in der Regel konsequent eingespart, wo es der Übersichtlichkeit nicht abträglich ist. Um zwei verschiedene Teilformeln handelt es sich dabei nicht, denn $p \supset p$ ist nach Klammerkonvention eine Abkürzung für $(p \supset p)$.

b) $\sim(q \equiv \sim q) \supset ((q \equiv \sim q) \supset (q \equiv \sim q))$

c) $\sim p \supset (p \supset p)$
$\sim(q \equiv \sim q) \supset (p \supset p)$
$\sim p \supset ((q \equiv \sim q) \supset p)$
$\sim p \supset (p \supset (q \equiv \sim q))$
$\sim(q \equiv \sim q) \supset (p \supset (q \equiv \sim q))$
$\sim(q \equiv \sim q) \supset ((q \equiv \sim q) \supset p)$
$\sim p \supset ((q \equiv \sim q) \supset (q \equiv \sim q))$
$\sim(q \equiv \sim q) \supset ((q \equiv \sim q) \supset (q \equiv \sim q))$

Lösung 2.3.2:

2.3.2

a) $((p_1 \vee p_2) \equiv (\sim p_2 \vee \sim p_1))$
$((p_1 \vee p_2) \equiv (\sim p_2 \vee \sim(p \equiv p)))$
$(((p \equiv p) \vee p_2) \equiv (\sim p_2 \vee \sim p_1))$
$(((p \equiv p) \vee p_2) \equiv (\sim p_2 \vee \sim(p \equiv p)))$

b) $(((p \equiv p) \vee p_2) \equiv (\sim p_2 \vee \sim(p \equiv p)))$

c) $(((p \equiv p) \vee (p \equiv p)) \equiv (\sim(p \equiv p) \vee \sim(p \equiv p)))$

Lösung 2.3.3:

2.3.3

C bezeichne die Ausgangsformel $(p \supset r) \wedge (q \supset r) \supset (p \vee q \supset r)$,
a bezeichne p,
B bezeichne $\sim q$.
Einsetzung $C\{a \mathbin{/} B\}$: $(\sim q \supset r) \wedge (q \supset r) \supset (\sim q \vee q \supset r)$
Ersetzung $C[a \mathbin{/} B]$: $(p \supset r) \wedge (q \supset r) \supset (\sim q \vee q \supset r)$
Die Einsetzung ist der Ausgangsformel äquivalent.
Kommentar:
!
Es gibt natürlich weitere Lösungen. Die Einsetzung in die Ausgangsformel

ist zu der Ausgangsformel äquivalent, weil diese eine Tautologie ist und eine Einsetzung in eine Tautologie immer eine Tautologie ergibt.

2.3.4 **Lösung 2.3.4:**

Es gibt drei Möglichkeiten:
$q \supset (p \supset p)$ oder
$q \supset ((p \wedge q) \supset p)$ oder
$q \supset (p \supset (p \wedge q))$ oder
$q \supset ((p \wedge q) \supset (p \wedge q))$.

2.4 Normalformtheorie

(Lösungen ab Seite 36)

Die Normalformtheorie bietet ein weiteres Entscheidungsverfahren. Wegen des Umfangs der Aufgaben halten wir es für gerechtfertigt, einen eigenen Abschnitt dafür zu reservieren.

▷▷▷ **Aufgabe 2.4.1:**
Welche der folgenden Formeln befindet sich in der konjunktiven oder adjunktiven Normalform?

a) $q \vee (p \wedge r)$
b) $p \wedge \sim p \vee q$
c) $\sim\sim r$
d) $\sim q \vee \sim p$
e) $p \supset q \vee r$
f) $\sim q$
g) $p \vee \sim p \wedge q \vee (r \wedge p)$
h) $(p \vee q) \wedge (\sim q \vee q \vee \sim p) \wedge \sim p$

▷▷▷ **Aufgabe 2.4.2:**
Überführen Sie folgende Formeln in eine äquivalente adjunktive Normalform! Welche der Formeln ist eine Kontradiktion?

a) $\sim(p \supset \sim p)$
b) $(p \vee \sim p) \supset (q \wedge \sim q)$
c) $(p \vee q) \wedge \sim(\sim p \supset q)$
d) $p|q \equiv p \wedge q$
e) $p \supset q \supset p \supset p$

Aufgabe 2.4.3: ◁◁◁
Überführen Sie folgende Formeln in eine äquivalente konjunktive Normalform! Welche der Formeln ist eine Tautologie?

a) $p \equiv p$
b) $\sim(r \wedge \sim r)$
c) $\sim p \vee q \supset \sim(p \wedge \sim q)$
d) $(\sim q \supset \sim p) \supset (p \supset (p \wedge q))$
e) $p|(p|p)$

Aufgabe 2.4.4: ◁◁◁
Überprüfen sie mit Hilfe der Theorie der Normalformen, ob die folgenden Formeln Tautologien, Kontradiktionen oder logisch indeterminiert sind:

a) $p \supset (q \supset p)$
b) $\sim p \supset (p \supset p)$
c) $p \vee \sim q \supset \sim(\sim p \wedge q)$
d) $(p \wedge q) \wedge (p \supset \sim q)$
e) $\sim(q \equiv \sim q)$
f) $\sim p \supset \sim(p \supset q \supset p)$
g) $p \supset \sim q \supset p \supset p$
h) $(p \supset q) \vee (r \supset q) \supset (r \supset p)$
i) $(p \supset q) \wedge (r \supset q) \supset (p \supset r)$
j) $p \supset (q \wedge r) \supset (p \supset q)$

Aufgabe 2.4.5: ◁◁◁
Zeigen Sie mit Hilfe von Normalformen, daß folgende Formeln Tautologien sind:

a) $(p \wedge q) \supset (q \wedge p)$
b) $((p \wedge p_1) \wedge p_2) \supset (p \wedge (p_1 \wedge p_2))$
c) $\sim(p \wedge q) \equiv \sim p \vee \sim q$
d) $p \supset q \supset (p \vee r \supset q \vee r)$

Aufgabe 2.4.6: ◁◁◁

a) Gegeben ist eine Formel, deren konjunktive und adjunktive Normalformen keine Negation enthalten. Ist diese Formel eine Tautologie, eine Kontradiktion oder logisch indeterminiert?
b) Gegeben ist eine Formel, in deren konjunktiven und adjunktiven Normalformen keine Aussagenvariablen ohne unmittelbar vorausgehende Negation vorkommen. Ist diese Formel eine Tautologie, eine Kontradiktion oder logisch indeterminiert?

▷▷▷ **Aufgabe 2.4.7:**
Für jede aussagenlogische Formel läßt sich eine ihr äquivalente konjunktive bzw. adjunktive Normalform finden. So etwas wie eine äquivalente „bisubjunktive Normalform“, in der nur Negationen und Bisubjunktionen vorkommen, gibt es nicht für jede Formel. Warum nicht?

▷▷▷ **Aufgabe 2.4.8:**
Erläutern Sie, warum Sie aufgrund einer Eigenschaft der Normalformen einer Formel über die Formel selbst aussagen können, ob sie eine Tautologie, eine Kontradiktion oder logisch indeterminiert ist!

Lösung

Lösungen

2.4.1

Lösung 2.4.1:

a) Diese Formel ist eine Adjunktion der beiden elementaren Konjunktionen q und $(p \wedge r)$ und befindet sich damit in der adjunktiven Normalform.

! **Kommentar:**
q ist eine *elementare Formel* (das heißt: eine alleinstehende Aussagenvariable oder eine Negation einer Aussagenvariablen) und deshalb eine elementare Konjunktion (das heißt: eine elementare Formel oder eine links geklammerte Konjunktion elementarer Formeln). $(p \wedge r)$ ist eine links geklammerte Konjunktion der elementaren Formeln p und r und daher eine elementare Konjunktion. Die angegebene Adjunktion der beiden Formeln ist unter Berücksichtigung der Konvention über die Einsparung von Außenklammern in adjunktiver Normalform.

b) Diese Formel ist eine Adjunktion der beiden elementaren Konjunktionen $p \wedge \sim p$ und q und befindet sich damit in der adjunktiven Normalform.

! **Kommentar:**
Um $p \wedge \sim p$ hat man Klammern nach der Klammernkonvention einzufügen, denn die Konjunktion bindet laut dieser Vereinbarung stärker als die Adjunktion. Man sieht dann leicht, daß die Formel eine (links geklammerte) Adjunktion elementarer Konjunktionen ist und sich also in der adjunktiven Normalform befindet.

c) Diese Formel befindet sich nicht in einer Normalform, denn in einer Normalform darf keine doppelte Negation vorkommen.

d) Diese Formel befindet sich sowohl in der adjunktiven als auch in der konjunktiven Normalform. Im ersten Fall interpretiert man die Formel als eine Adjunktion der beiden *elementaren Konjunktionen* $\sim q$ und $\sim p$, während man im zweiten Fall die gesamte Formel als elementare Adjunktion der *elementaren Formeln* $\sim q$ und $\sim p$ auffaßt. Nach Definition sind elementare Adjunktionen in konjunktiver Normalform.

e) Wegen des Vorkommens der Subjunktion befindet sich die Formel in keiner Normalform.

f) Diese (elementare) Formel befindet sich in der adjunktiven und in der konjunktiven Normalform.

Kommentar: !

Sie ist als elementare Formel eine elementare Adjunktion und eine elementare Konjunktion; als einziges Glied einer (entarteten) Konjunktion bzw. Adjunktion aufgefaßt befindet sie sich in der entsprechenden Normalform.

g) Die Formel befindet sich in der adjunktiven Normalform.

h) Die Formel befindet sich in der konjunktiven Normalform.

Lösung 2.4.2: 2.4.2

Wir verwenden in dieser und in den folgenden Aufgaben folgende Abkürzungen zur Kommentierung der Übeführungsschritte (rechts neben den Formeln):

AF	Ausgangsformel				
S/A	$A \supset B$	$\approx$	$\sim A \vee B$		
B/K	$A \equiv B$	$\approx$	$(\sim A \vee B) \wedge (A \vee \sim B)$		
DM	$\sim(A \wedge B)$	$\approx$	$\sim A \vee \sim B$		
	$\sim(A \vee B)$	$\approx$	$\sim A \wedge \sim B$		
Neg	$\sim\sim A$	$\approx$	A		
Dstr	$(A \vee B) \wedge C$	$\approx$	$C \wedge (A \vee B)$	$\approx$	$(A \wedge C) \vee (B \wedge C)$
	$(A \wedge B) \vee C$	$\approx$	$C \vee (A \wedge B)$	$\approx$	$(A \vee C) \wedge (B \vee C)$
Ass	$A \vee (B \vee C)$	$\approx$	$(A \vee B) \vee C$		
	$A \wedge (B \wedge C)$	$\approx$	$(A \wedge B) \wedge C$		
Dopp	$A \wedge A$	$\approx$	A		
	$A \vee A$	$\approx$	A		

Aus ein und derselben Formel kann man unterschiedliche Normalformen dieser Formel erhalten. Das heißt, daß die angegebene Lösung nicht die einzig mögliche ist. Gleichwohl ist das Ergebnis der Überprüfung, ob die Ausgangsformel eine Tautologie, eine Kontradiktion oder logisch indeterminiert ist, trotz unterschiedlicher Normalformen eindeutig.

a)

1.	$\sim(p \supset \sim p)$	AF
2.	$\sim(\sim p \vee \sim p)$	S/A
3.	$p \wedge p$	DM

Die letzte Formel befindet sich bereits in der adjunktiven Normalform. Sie ist eine elementare Konjunktion und das einzige Glied einer (entarteten) Adjunktion elementarer Konjunktionen.
Weil sie nicht eine Aussagenvariable und ihr Negat enthält, ist die Formel keine Kontradiktion und die Ausgangsformel damit auch nicht. (Das bedeutet jedoch nicht, dass die Formel eine Tautologie sein muß, sie könnte auch logisch indeterminiert sein.)

! **Kommentar:**
In der Ausgangsformel wurde im ersten Schritt die Subjunktion äquivalent durch Negation und Adjunktion ersetzt. Im Ergebnis dieser Ersetzung in Zeile 2 wurde nach einer der De Morganschen Regeln die negierte Adjunktion durch die Konjunktion der Negate ersetzt. Je nach Formulierung der Regeln wurden doppelte Negationen beseitigt.
Die Formel in Zeile 3 ist keine Kontradiktion. Die Formel in Zeile 1, die Ausgangsformel, ist ihr äquivalent, weil gilt:

Satz 1

1. *Wenn $A \approx B$, so $C \approx C[A/B]$ (Ersetzbarkeitstheorem).*
2. *Wenn $A \approx B$ und $B \approx C$, so $A \approx C$ (Transitivität).*
3. *Die genannten Ersetzungen sind* äquivalente *Ersetzungen, d.h., die zu ersetzende Teilformel und die substituierte Formel sind äquivalent.*

Daher ist die Ausgangsformel ebenfalls keine Kontradiktion.

b)

1.	$(p \vee \sim p) \supset (q \wedge \sim q)$	AF
2.	$\sim(p \vee \sim p) \vee (q \wedge \sim q)$	S/A
3.	$(\sim p \wedge \sim\sim p) \vee (q \wedge \sim q)$	DM
4.	$(\sim p \wedge p) \vee (q \wedge \sim q)$	Neg

Die letzte Formel befindet sich in der adjunktiven Normalform und jede der elementaren Konjunktionen enthält eine Aussagenvariable und ihr Negat. Deshalb ist die Formel – und damit auch die Ausgangsformel – eine Kontradiktion.

c) $(p \wedge \sim p \wedge \sim q) \vee (q \wedge \sim p \wedge \sim q)$
Die Formel ist eine Kontradiktion.

d) $(p \wedge q \wedge \sim p) \vee (p \wedge q \wedge \sim q)$
Die Formel ist eine Kontradiktion. Vgl. [5], S. 63, zweites Beispiel.

e) $\sim p \wedge \sim p \vee q \wedge \sim p \vee p$
Die Formel ist keine Kontradiktion.

Lösung 2.4.3: 2.4.3

a)

1.	$p \equiv p$	AF
2.	$(\sim p \vee p) \wedge (p \vee \sim p)$	B/K

Die letzte Formel ist in der konjunktiven Normalform. Jede der elementaren Adjunktionen enthält eine Aussagenvariable und ihr Negat, daher ist die Formel eine Tautologie, ebenso wie die Ausgangsformel.

b)

1.	$\sim(r \wedge \sim r)$	AF
2.	$\sim r \vee r$	DM

Die letzte Formel befindet sich bereits in der konjunktiven Normalform. Sie ist eine Tautologie.

c)

1.	$\sim p \vee q \supset \sim(p \wedge \sim q)$	AF
2.	$\sim(\sim p \vee q) \vee \sim(p \wedge \sim q)$	S/A
3.	$(p \wedge \sim q) \vee \sim p \vee q$	DM
4.	$(p \vee \sim p \vee q) \wedge (\sim q \vee \sim p \vee q)$	Dstr

Die letzte Formel ist in der konjunktiven Normalform. Sie ist eine Tautologie.

d)

1.	$(\sim q \supset \sim p) \supset (p \supset (p \wedge q))$	AF
2.	$(\sim\sim q \vee \sim p) \supset (\sim p \vee (p \wedge q))$	2× S/A
3.	$\sim(q \vee \sim p) \vee (\sim p \vee (p \wedge q))$	S/A; Neg
4.	$\sim q \wedge p \vee (\sim p \vee (p \wedge q))$	DM
5.	$\sim q \wedge p \vee (\sim p \vee p) \wedge (\sim p \vee q)$	Dstr
6.	$(\sim q \vee (\sim p \vee p) \wedge (\sim p \vee q)) \wedge$ $\wedge (p \vee (\sim p \vee p) \wedge (\sim p \vee q))$	Dstr
7.	$(\sim q \vee \sim p \vee p) \wedge (\sim q \vee \sim p \vee p) \wedge$ $\wedge (p \vee \sim p \vee q) \wedge (p \vee \sim p \vee q)$	Dstr

Die letzte Formel ist in der konjunktiven Normalform. Sie ist eine Tautologie.

e) $\sim p \vee p$

Die Formel ist eine Tautologie.

2.4.4 **Lösung 2.4.4:**

a)

1.	$p \supset (q \supset p)$	AF
2.	$\sim p \vee (q \supset p)$	S/A
3.	$\sim p \vee (\sim q \vee p)$	S/A
4.	$(\sim p \vee \sim q) \vee p$	Ass

Die letzte Formel der Aufzählung ist eine elementare Adjunktion, daher in konjunktiver Normalform. Sie enthält eine Aussagenvariable und deren Negat (p und $\sim p$) und ist deshalb eine *Tautologie.*

! **Kommentar:**

Die Schritte 2 und 3 sind Anwendungen derselben Regel auf verschiedene Vorkommen der Subjunktion: Im Falle von 2 spielt die Teilformel p die Rolle von A in S/A und $(q \supset p)$ die von B, im Schritt 3 wird q als A und das zweite Vorkommen von p in $p \supset (q \supset p)$ als B interpretiert. Die beiden Schritte hätten auch in umgekehrter Reihenfolge erfolgen können. Der letzte Schritt wird unter der oben eingeführten Klammernkonvention (Linksklammerung bei ungeklammerten gleichen Operatoren) üblicherweise durch einfaches Weglassen der Klammern gegangen. Sind in einer Formel in konjunktiver Normalform in jeder elementaren Adjunktion (mindestens) eine Aussagenvariable gemeinsam mit ihrem Negat enthalten, dann ist die Formel eine Tautologie. Schließlich nimmt bei jeder Belegung der vorkommenden Aussagenvariablen entweder die fragliche Aussagenvariable oder deren Negation den Wert w an und damit auch die elementare Adjunktion. Da die Konjunktion von Tautologien eine Tautologie ist, ist die Formel unter diesen Bedingungen selbst eine Tautologie.

b) ANF: $p \vee \sim p$ – keine Kontradiktion
KNF: $p \vee \sim p$ – *Tautologie*
c) ANF: $\sim p \wedge q \vee p \vee \sim q$ – keine Kontradiktion
KNF: $(\sim p \vee p \vee \sim q) \wedge (q \vee p \vee \sim q)$ – *Tautologie*
d) KNF: $p \wedge q \wedge (\sim p \vee \sim q)$ – keine Tautologie
ANF: $(p \wedge q \wedge \sim p) \vee (p \wedge q \wedge \sim q)$ – *Kontradiktion*
e) ANF: $q \vee \sim q$ – keine Kontradiktion
KNF: $q \vee \sim q$ – *Tautologie*
f) ANF: $p \vee (\sim p \wedge \sim p) \vee (\sim p \wedge q)$ – keine Kontradiktion
KNF: $(p \vee \sim p \vee \sim p) \wedge (p \vee \sim p \vee q)$ – *Tautologie*
g) ANF: $\sim p \wedge \sim p \vee \sim p \wedge \sim q \vee p$ – keine Kontradiktion
KNF: $(\sim p \vee \sim q \vee p) \wedge (\sim p \vee p)$ – *Tautologie*
h) ANF: $p \wedge \sim q \wedge r \wedge \sim q \vee \sim r \vee p$ – keine Kontradiktion
KNF: $(\sim r \vee p \vee p) \wedge (\sim q \vee \sim r \vee p) \wedge (r \vee \sim r \vee p)$ – keine Tautologie
Die Formel ist also *logisch indeterminiert.*
i) ANF: $p \wedge \sim q \vee r \wedge \sim q \vee \sim p \vee r$ – keine Kontradiktion
KNF: $(p \vee r \vee \sim p \vee r) \wedge (\sim q \vee r \vee \sim p \vee r) \wedge (p \vee \sim q \vee \sim p \vee r) \wedge (\sim q \vee \sim q \vee \sim p \vee r)$
– keine Tautologie
Die Formel ist also *logisch indeterminiert.*
j) ANF: $p \wedge \sim q \vee p \wedge \sim r \vee \sim p \vee q$ – keine Kontradiktion
KNF: $(p \vee \sim p \vee q) \wedge (\sim q \vee p \vee \sim p \vee q) \wedge (p \vee \sim r \vee \sim p \vee q) \wedge (\sim q \vee \sim r \vee \sim p \vee q)$
– *Tautologie*

Lösung 2.4.5: 2.4.5

a) KNF: $(\sim p \vee \sim q \vee q) \wedge (p \vee \sim p \vee \sim q)$ – Tautologie
Kommentar: !
Es genügt offenbar, die Formel in eine konjunktive Normalform zu überführen und festzustellen , daß in jeder elementaren Adjunktion eine Aussagenvariable und ihr Negat vorkommen.
b) KNF: $(p \vee \sim p \vee \sim p_1 \vee \sim p_2) \wedge (p_1 \vee \sim p \vee \sim p_1 \vee \sim p_2) \wedge (p_2 \vee \sim p \vee \sim p_1 \vee \sim p_2)$
c) KNF: $(p \vee \sim p \vee \sim q) \wedge (q \vee \sim p \vee \sim q) \wedge (\sim p \vee \sim q \vee p) \wedge (\sim p \vee \sim q \vee q)$
d) KNF: $(\sim p \vee p \vee q \vee r) \wedge (\sim r \vee p \vee q \vee r) \wedge (\sim p \vee \sim q \vee q \vee r) \wedge (\sim r \vee \sim q \vee q \vee r)$

Lösung 2.4.6: 2.4.6

a) Die Formel ist logisch indeterminiert. Wenn nämlich die Formel eine Tautologie wäre, dann müßte in ihrer KNF jede elementare Adjunktion eine Aussagenvariable und ihr Negat enthalten. Das ist aber nicht der Fall, weil die KNF keine Negationen enthält. Ebenso enthält die ANF keine Negationen, was aber ganz analog der Fall sein müßte, falls die Formel eine Kontradiktion wäre.

b) Auch diese Formel ist logisch indeterminiert, denn auch in diesem Fall ist es nicht möglich, daß in den Normalformen eine Aussagenvariable und ihr Negat enthalten sind, weil keine unnegierten Variablen vorkommen.

2.4.7 **Lösung 2.4.7:**

Da das System von Grundoperatoren ⟨Negation, Bisubjunktion⟩ nicht funktional vollständig ist, kann man nicht jede Formel in eine äquivalente Formel mit nur diesen beiden Operatoren umformen.

2.4.8 **Lösung 2.4.8:**

Weil nach dem Ersetzbarkeitstheorem äquivalente Ersetzungen von Teilformeln zu äquivalenten Ersetzungsergebnissen führen und im Verfahren zur Herbeiführung der konjunktiven und adjunktiven Normalformen Teilformeln durch äquivalente Formeln ersetzt werden, ist auch die Formel in der Normalform (wegen der Transitivität der Äquivalenz) äquivalent zu der Ausgangsformel.

2.5 Richtig oder falsch?

(Lösungen ab Seite 168)

▷▷▷ **Aufgabe 2.5.1:**

a) Jede aussagenlogische Formel hat einen Wahrheitswert.
b) Jede aussagenlogische Formel hat einen Werteverlauf.
c) Der Wahrheitswert einer Formel bei einer Belegung der vorkommenden Variablen hängt davon ab, was mit dem Hauptoperator der Formel gemeint ist.
d) Der Wahrheitswert einer Formel bei einer Belegung der vorkommenden Variablen hängt von der Belegung und den Wertetabellen der vorkommenden Operatoren ab.
e) Wenn eine Formel und die Belegung der vorkommenden Variablen mit Wahrheitswerten gegeben sind, so kann der Wahrheitswert der Formel bei dieser Belegung stets eindeutig berechnet werden.
f) Wenn eine Formel und ein Wahrheitswert für diese Formel gegeben sind, so kann die dazugehörige Belegung der in der Formel vorkommenden Variablen stets eindeutig berechnet werden.

Aufgabe 2.5.2: ◁◁◁

Wir betrachten das System mit den Grundoperatoren Negation, Konjunktion und Bisubjunktion. Das System ist ...

a) ... funktional abhängig, weil die Bisubjunktion durch Negation und Konjunktion definiert werden kann.
b) ... funktional unabhängig, weil die Konjunktion nicht durch Negation und Bisubjunktion definiert werden kann.
c) ... funktional abhängig, weil die Konjunktion durch Negation und Bisubjunktion definiert werden kann.
d) ... funktional vollständig, weil jede aussagenlogische Funktion durch Negation und Konjunktion definiert werden kann.
e) ... funktional unvollständig, weil nicht jede aussagenlogische Funktion durch Negation und Bisubjunktion definiert werden kann.
f) ... funktional vollständig, weil die Bisubjunktion durch Negation und Konjunktion definiert werden kann.

Aufgabe 2.5.3: ◁◁◁

Richtig oder falsch? (Begründen Sie Ihre Antwort!)

a) Wenn das Resultat einer Einsetzung eine Kontradiktion ist, dann ist die Formel, in die eingesetzt wurde, stets eine Tautologie.
b) Wenn in einer Tautologie eine Aussagenvariable an allen Stellen ihres Vorkommens durch eine beliebige Formel ersetzt wird, ist das Ergebnis wieder eine Tautologie.
c) Wenn $A\{a/B\}$ eine Tautologie ist, so ist A eine Tautologie.
d) Wenn $A\{a/B\}$ eine Tautologie ist, so ist A erfüllbar.
e) Wenn A eine logisch indeterminierte Formel ist, so ist auch $A\{a/B\}$ indeterminiert.

Kapitel 3

Deduktive aussagenlogische Systeme

In diesem Kapitel geht es hauptsächlich um das Beweisen von Theoremen. Egal in welchem System die Beweise geführt werden – stets ist es erlaubt, bereits bewiesene Theoreme als Zeilen zu den Beweisen hinzuzufügen. Dabei muß man sich jedoch streng an die Reihenfolge halten und darauf achten, daß man nicht erst ein Theorem mit Hilfe des anderen und danach dieses andere mit Hilfe des ersten „beweist“. Für die Lösungen der Aufgaben in diesem und in späteren Kapiteln darf also stets nur auf die Theoreme zurückgegriffen werden, die in diesem Buch bereits *vor* der jeweiligen Aufgabe bewiesen wurden.

3.1 Ein axiomatischer Aufbau der Aussagenlogik

(Lösungen ab Seite 48)

Wir verwenden in diesem Abschnitt eine Axiomatik NS über einer Sprache mit Negation und Subjunktion und mit den folgenden Axiomen und Regeln:

A1 $p \supset (q \supset p)$
A2 $(p \supset (q \supset r)) \supset ((p \supset q) \supset (p \supset r))$
A3 $(\sim p \supset \sim q) \supset (q \supset p)$

ER $\dfrac{A}{A\{a/B\}}$ (wobei a eine Aussagenvariable und B eine Formel ist)

AR $\dfrac{A \supset B \quad A}{B}$

Neben dem herkömmlichen Beweisbegriff verwenden wir den Begriff der **Ableitung einer Formel B aus den Formeln $A_1, \ldots, A_n$** (symbolisch: $A_1, \ldots, A_n \vdash B$). Damit ist eine endliche Folge von Formeln gemeint, deren letztes Glied die Formel B ist und von denen jede entweder eine der sogenannten Annahmeformeln $A_1, \ldots, A_n$ oder eine Variante eines Axioms ist oder aus zwei vorhergehenden Gliedern der Folge mit Hilfe der Regel AR oder aus einem vorhergehenden Glied mit Hilfe der Regel ER erhalten wurde, wobei bei der Anwendung von ER nur für solche Variablen eingesetzt werden darf, die nicht in den Annahmeformeln vorkommen.
Unter einer **Variante eines Axioms** verstehen wir eine Formel B, die man aus einem der drei Axiome durch eine Einsetzung erhält, bei der für verschiedene Variablen wieder verschiedene Variablen eingesetzt werden. Beispielsweise ist $q \supset (r \supset q)$ eine Variante von A1, $q \supset (q \supset q)$ jedoch nicht. Analog verwenden wir den Begriff **Variante eines Theorems**.

▷▷▷ **Aufgabe 3.1.1:**
(Für die Lösung dieser Aufgabe muß an einer Stelle auf das Theorem $p \supset p$ zurückgegriffen werden, dessen Beweis sich z.B. in [5, S. 106] findet.)
Beweisen Sie folgende Ableitbarkeitsbeziehungen im axiomatischen Kalkül NS:

a) $p \supset q,\ q \supset r,\ p \ \vdash\ r$
b) $p \supset (q \supset r),\ p \supset q,\ p \ \vdash\ r$
c) $p \supset q \supset r,\ q \ \vdash\ r$
d) $q \supset r,\ p \supset q,\ (q \supset q) \supset p \ \vdash\ r$
e) $p \supset q \supset (q \supset r \supset p_1), r, q \ \vdash\ p_1$

Aufgabe 3.1.2: ◁◁◁

Betrachten Sie die Ableitungen aus Aufgabe 3.1.1 und formulieren Sie die Theoreme, die Sie nach entsprechender Anwendung des Deduktionstheorems als beweisbar erkennen!

Aufgabe 3.1.3: ◁◁◁

Beweisen Sie die folgenden Ableitbarkeitsbeziehungen! Benutzen Sie für Ihre Beweise den Satz:

Satz 2 *Wenn* $A^1, \ldots, A^n, \sim B \vdash C$ *und* $A^1, \ldots, A^n, \sim B \vdash \sim C$, *so* $A^1, \ldots, A^n \vdash B$.

a) $p \supset q, \sim q \quad \vdash \quad \sim p$
b) $p, \sim q \quad \vdash \quad \sim(p \supset q)$
c) $\sim q \supset \sim r, p_1, p_1 \supset \sim q \quad \vdash \quad \sim(p_1 \supset r)$
d) $r \supset q, p_1, p_1 \supset \sim q \quad \vdash \quad \sim(\sim r \supset \sim p_1)$

Aufgabe 3.1.4: ◁◁◁

Beweisen Sie folgende Theoreme im Kalkül NS, *ohne* das Deduktionstheorem zu benutzen!
a) $q \supset (\sim r \supset \sim q \supset (q \supset r))$
b) $\sim p \supset (p \supset q)$

Aufgabe 3.1.5: ◁◁◁

Beweisen Sie die folgenden Theoreme im Kalkül NS, ggf. unter Verwendung von bereits bewiesenen Theoremen!
a) $p \supset q \supset (\sim q \supset \sim p)$
b) $p \supset (p \supset q) \supset (p \supset q)$
c) $\sim\sim p \supset p$

Aufgabe 3.1.6: ◁◁◁

Die folgende Aufgabe stammt aus [1]. Wir betrachten ein formales System mit einem Alphabet, das aus den Buchstaben M, I und U besteht. Aus diesen werden sogenannte Ketten gebildet. Es gelten dafür folgende Axiome und Schlußregeln:

Einziges Axiom:

MI

Regel 1:

Wenn am Ende einer Kette I steht, so kann U angehängt werden.

Regel 2:

Aus Mx kann man Mxx erhalten (x steht für eine beliebige Kette).

Regel 3:

Jedes Vorkommen von *III* kann durch *U* ersetzt werden.

Regel 4:

Kommt in einer Kette *UU* vor, kann man es streichen.

Kann man folgende Ketten mit diesen Axiomen und Regeln erzeugen? Wenn ja, wie? Wenn nein, warum nicht?

a) *MIIIIU*
b) *MIIUIIU*
c) *MUIIU*
d) *MUIIIU*
e) *MU*

▷▷▷ **Aufgabe 3.1.7:**

Gesetzt, jemand fügt zu den Axiomen von NS die Formel $p \supset \sim r$ hinzu. Aufgrund welcher Eigenschaft von NS können Sie behaupten, daß $q \wedge \sim q$ in $\{\mathsf{NS} + (p \supset \sim r)\}$ beweisbar ist?

▷▷▷ **Aufgabe 3.1.8:**

Gegeben sind zwei axiomatische Systeme S_1 und S_2 mit unterschiedlichen Axiomen und Regeln.

a) Bekannt ist, daß beide Systeme semantisch vollständig sind. Gilt die Vermutung „Für jede Formel A gilt: $\vdash_{\mathsf{S}_1} A$ genau dann, wenn $\vdash_{\mathsf{S}_2} A$“? Begründen Sie ihre Antwort!

b) Bekannt ist, daß wenigstens eines der Theoreme von S_1 nicht Theorem in S_2 ist. Gilt der Satz „Das System S_2 ist semantisch unvollständig“? Begründen Sie ihre Antwort!

Lösung

Lösungen

3.1.1 **Lösung 3.1.1:**

In den Lösungen werden folgende Abkürzungen verwendet:

AF Annahmeformel
VA Variante eines Axioms
VT Variante eines Theorems

a)

1.	$p \supset q$	AF
2.	$q \supset r$	AF
3.	p	AF
4.	q	AR 3, 1
5.	r	AR 4, 2

b)

1.	$p \supset (q \supset r)$	AF
2.	$p \supset q$	AF
3.	p	AF
4.	q	AR 3, 2
5.	$q \supset r$	AR 3, 1
6.	r	AR 4, 5

c)

1.	$p \supset q \supset r$	AF
2.	q	AF
3.	$q \supset (p \supset q)$	VA
4.	$p \supset q$	AR 2, 3
5.	r	AR 4, 1

d)

1.	$q \supset r$	AF
2.	$p \supset q$	AF
3.	$(q \supset q) \supset p$	AF
4.	$(q \supset q)$	VT
5.	p	AR 3, 4
6.	q	AR 5, 2
7.	r	AR 6, 1

Kommentar: !

Der Beweis ist nicht streng nach Definition geführt: In der vierten Zeile wird dem Beweis eine Variante des Theorems $p \supset p$ hinzugefügt, wobei q für p eingesetzt wird. Das ist deswegen erlaubt, weil es ja bei einem bewiesenen Theorem möglich wäre, den gesamten Beweis an entsprechender Stelle einzufügen. Damit wäre die Formel streng nach Definition abgeleitet worden.

e)

1.	$p \supset q \supset (q \supset r \supset p_1)$	AF
2.	r	AF
3.	q	AF
4.	$q \supset (p \supset q)$	VA
5.	$p \supset q$	AR 3, 4
6.	$q \supset r \supset p_1$	AR 5, 1
7.	$r \supset (q \supset r)$	VA
8.	$q \supset r$	AR 2, 7
9.	p_1	AR 8, 6

3.1.2 **Lösung 3.1.2:**

a) $p \supset q \supset (q \supset r \supset (p \supset r))$
b) $p \supset (q \supset r) \supset (p \supset q \supset (p \supset r))$
c) $p \supset q \supset r \supset (q \supset r)$
d) $q \supset r \supset (p \supset q \supset ((q \supset q) \supset p \supset r))$
e) $p \supset q \supset (q \supset r \supset p_1) \supset (r \supset (q \supset p_1))$

! **Kommentar:**
Durch Vertauschung der Prämissen lassen sich jeweils weitere Theoreme gewinnen. Wenn man z.B. statt
$p \supset q,\ q \supset r,\ p \quad \vdash \quad r$
die äquivalente Ableitung
$q \supset r,\ p \supset q,\ p \quad \vdash \quad r$
betrachtet (es ist ja egal, in welcher Reihenfolge die Prämissen geschrieben werden), erält man als Lösung zu a) auch folgendes Theorem:
$q \supset r \supset (p \supset q \supset (p \supset r))$
Durch weitere Vertauschungen lassen sich natürlich weitere Theoreme gewinnen.

3.1.3 **Lösung 3.1.3:**

a)

1.	$p \supset q$	AF
2.	$\sim q$	AF
3.	p	$\sim B$
4.	q	AR 3, 1

! **Kommentar:**
Wir haben hier einen indirekten Beweis geführt. Zu den Annahmeformeln wird in Zeile 3 die Negation der Formel, die man ableiten will, hinzugefügt. (Korrekterweise hätte die Negation von $\sim p$, also $\sim\sim p$ zur Ableitung hinzugefügt werden müssen. Da die Beseitigung der doppel-

ten Negation gilt, wird sie hier vorausgesetzt.) Dann versucht man, einen Widerspruch zu konstruieren, also eine Formel C und ihr Negat abzuleiten. Diese Formel ist hier q. Weil auch $\sim q$ eine Zeile des Beweises ist, kann man das Metatheorem anwenden und erhält die Gültigkeit der Ableitbarkeitsbeziehung:

Aus $p \supset q, \sim q, p \vdash q$ (nach der Ableitung oben)
und $p \supset q, \sim q, p \vdash \sim q$ (wegen $A \vdash A$)
folgt $p \supset q, \sim q \vdash \sim p$.

b)

1.	p	AF
2.	$\sim q$	AF
3.	$p \supset q$	$\sim B$
4.	q	AR 1, 3

Widerspruch zwischen Zeile 2 und 4.

c)

1.	$\sim q \supset \sim r$	AF
2.	p_1	AF
3.	$p_1 \supset \sim q$	AF
4.	$p_1 \supset r$	$\sim B$
5.	$\sim q$	AR 2, 3
6.	r	AR 2, 4
7.	$\sim r$	AR 1, 5

Wdspr. 6, 7

d)

1.	$r \supset q$	AF
2.	p_1	AF
3.	$p_1 \supset \sim q$	AF
4.	$\sim r \supset \sim p_1$	$\sim B$
5.	$\sim q$	AR 2, 3
6.	$(\sim r \supset \sim p_1) \supset (p_1 \supset r)$	VA3
7.	$p_1 \supset r$	AR 4, 6
8.	r	AR 2, 7
9.	q	AR 1, 8

Wdspr. 5, 9

3.1.4 **Lösung 3.1.4:**

a)

1.	$p \supset (q \supset p)$	A1
2.	$\sim p \supset \sim q \supset (q \supset p)$	A3
3.	$\sim r \supset \sim q \supset (q \supset r)$	ER 2
4.	$\sim r \supset \sim q \supset (q \supset r) \supset$	
	$\supset (q \supset (\sim r \supset \sim q \supset (q \supset r)))$	ER 1
5.	$q \supset (\sim r \supset \sim q \supset (q \supset r))$	AR 3, 4

! **Kommentar:**
Die Einsetzungen, die die Zeilen 3 und 4 ergeben, sind $\{p\ /\ r\}$ und $\{p\ /\ \sim r \supset \sim q \supset (q \supset r)\}$.

b)

1.	$\sim q \supset \sim p \supset (p \supset q)$	VA
2.	$\sim q \supset \sim p \supset (p \supset q) \supset$	
2.	$(\sim p \supset (\sim q \supset \sim p \supset (p \supset q)))$	A1, ER
3.	$\sim p \supset (\sim q \supset \sim p \supset (p \supset q))$	AR 1, 2
4.	$\sim p \supset (\sim q \supset \sim p \supset (p \supset q)) \supset$	
4.	$(\sim p \supset (\sim q \supset \sim p) \supset (\sim p \supset (p \supset q)))$	A2, ER
5.	$\sim p \supset (\sim q \supset \sim p) \supset (\sim p \supset (p \supset q))$	AR 3, 4
6.	$\sim p \supset (\sim q \supset \sim p)$	A1, ER
7.	$\sim p \supset (p \supset q)$	AR 5, 6

! **Kommentar:**
Die Einsetzungen, die die Zeilen 2 und 4 liefern, sind
$\{q, p\ /\ \sim p,\ \sim q \supset \sim p \supset (p \supset q)\}$ und $\{p, q, r\ /\ \sim p,\ \sim q \supset \sim p, p \supset q\}$.

3.1.5 **Lösung 3.1.5:**

a) Der Beweis der Ableitbarkeitsbeziehung $p \supset q,\ \sim q \vdash \sim p$ findet sich in den Lösungen zu Aufgabe 3.1.3! Wenn man darauf das Deduktionstheorem zweimal anwendet, erhält man das zu beweisende Theorem.

b) Man beweise zunächst: $p \supset (p \supset q), p \vdash q$:

1.	$p \supset (p \supset q)$	AF
2.	p	AF
3.	$p \supset q$	AR 2, 1
4.	q	AR 2, 3

Durch zweimalige Anwendung des Deduktionstheorems erhält man das Theorem.

c) Für den Beweis wird das Theorem $\sim\sim p \supset (\sim p \supset \sim\sim\sim p)$ benötigt, das man durch Einsetzung in das bereits bewiesene Theorem $\sim p \supset (p \supset q)$

erhält. Es genügt nun, folgende Ableitbarkeitsbeziehung zu zeigen, auf die man dann das Deduktionstheorem anwenden kann: $\sim\sim p \vdash p$.

1.	$\sim\sim p$	AF
2.	$\sim\sim p \supset (\sim p \supset \sim\sim\sim p)$	Theorem
3.	$\sim p \supset \sim\sim\sim p$	AR 1, 2
4.	$\sim p \supset \sim\sim\sim p \supset (\sim\sim p \supset p)$	VA
5.	$\sim\sim p \supset p$	AR 3, 4
6.	p	AR 1, 5

Lösung 3.1.6: 3.1.6

a) $MIIIIU$ kann man wie folgt erzeugen:

1.	MI	Axiom
2.	MII	Regel 2
3.	$MIIII$	Regel 2
4.	$MIIIIU$	Regel 1

b) $MIIUIIU$ kann man wie folgt erzeugen:

1.	MI	Axiom
2.	MII	Regel 2
3.	$MIIU$	Regel 1
4.	$MIIUIIU$	Regel 2

c) $MUIIU$ kann man wie folgt erzeugen:

1.	MI	Axiom
2.	MII	Regel 2
3.	$MIIII$	Regel 2
4.	$MIIIIU$	Regel 1
5.	$MUIU$	Regel 3
6.	$MUIUUIU$	Regel 2
7.	$MUIIU$	Regel 4

d) $MUIIIU$ kann man nicht erzeugen.
Dafür genügt es zu zeigen, daß mit oben angegebenem Axiom und den Regeln keine Kette erzeugt werden kann, in der die Anzahl der I ein Vielfaches von 3 ist. Regel 1 und 4 lassen die Anzahl der I unverändert. Regel 3 beseitigt jeweils 3 I. Wenn die Anzahl der I nicht vorher schon ein Vielfaches von 3 gewesen ist, dann auch nach Anwendung von Regel 3 nicht. Bleibt Regel 2 zu untersuchen: Sie verdoppelt die Anzahl der I. Wenn die I-Anzahl vor ihrer Anwendung n war, dann ist sie danach $2n$.

Doch das ist nur dann ein Vielfaches von 3, wenn n ein Vielfaches von 3 ist (3 ist ja kein Teiler von 2). Auch mit Regel 2 läßt sich die Anzahl der I nicht auf ein Vielfaches von 3 bringen. Da wir mit der I-Anzahl 1 starten (Axiom: MI), werden wir nie eine Kette erzeugen können, in der die I-Anzahl ein Vielfaches von 3 ist.

e) MU kann man nicht erzeugen.
Eine Kette ohne I kann man nicht erzeugen, denn die I werden immer zu dritt beseitigt (Regel 3). Die Anzahl der I kann aber nie ein Vielfaches von 3 sein (siehe oben), also auch nicht Null.

3.1.7 **Lösung 3.1.7:**

Das System NS ist syntaktisch vollständig. Das Hinzufügen einer Formel, die kein Theorem ist, zu den Axiomen des Systems, macht dieses widersprüchlich und daher jede Formel beweisbar.

3.1.8 **Lösung 3.1.8:**

a) Die Vermutung ist falsch. Weil beide Systeme semantisch vollständig sind, wissen wir, daß in beiden Systemen alle Tautologien beweisbar sind. Wenn in einem der Systeme mehr Formeln als die Tautologien beweisbar wären, dann wäre das System zwar widersprüchlich. Das ist aber nicht ausgeschlossen, so kann es also sein, daß im einen System nur die Tautologien, im anderen aber alle Formeln beweisbar sind. *Der Satz über die deduktive Äquivalenz gilt also nicht.* Wenn beide Systeme widerspruchsfrei wären, wären in beiden *genau* alle Tautologien beweisbar – nicht mehr und nicht weniger. Unter dieser zusätzlichen Bedingung würde der Satz gelten.

b) Der Satz gilt nicht. Wenn nämlich S_1 ein widersprüchliches System wäre, in dem alle Formeln beweisbar sind, und S_2 ein widerspruchsfreies System, in dem nur alle Tautologien beweisbar sind, dann gäbe es viele Theoreme von S_1, die nicht Theoreme von S_2 wären. Dennoch wäre S_2 semantisch vollständig.
Analog zur vorangehenden Aufgabe wäre der Satz wahr, wenn man als zusätzliche Bedingung die Widerspruchsfreiheit beider Systeme hätte.

3.2 Ein System des natürlichen Schließens der klassischen Aussagenlogik

(Lösungen ab Seite 58)

In diesem Abschnitt wird ein System des Natürlichen Schließens für die Aussagenlogik mit folgenden Schlußregeln vorausgesetzt:

$$\frac{\begin{array}{c}A \supset B\\ A\end{array}}{B}$$ *Abtrennungsregel* (AR)

$$\frac{\begin{array}{c}A\\ B\end{array}}{A \wedge B}$$ *Einführung der Konjunktion* (EK)

$$\frac{A \wedge B}{A} \qquad \frac{A \wedge B}{B}$$ *Beseitigung der Konjunktion* (BK)

$$\frac{A}{A \vee B} \qquad \frac{B}{A \vee B}$$ *Einführung der Adjunktion* (EA)

$$\frac{\begin{array}{c}A \vee B\\ \sim A\end{array}}{B}$$ *Beseitigung der Adjunktion* (BA)

Einführungs- und Beseitigungsregeln für andere Operatoren lassen sich aufgrund der im Abschnitt zur funktionalen Vollständigkeit erworbenen Kenntnisse leicht formulieren (vgl. beispielsweise [5], S. 80 ff.).

Im hier verwendeten System gibt es direkte und indirekte Beweise. Ein **direkter Beweis** einer Formel $A_1 \supset (A_2 \supset \ldots \supset (A_n \supset B)\ldots)$ ist eine endliche Folge von Formeln, von denen jede entweder eine der Annahmeformeln $A_1, \ldots, A_n$ oder bereits bewiesen oder aus vorhergehenden Zeilen nach den Schlußregeln gewonnen worden ist und die mit B endet.

Theoreme: $$\frac{\begin{array}{c}A \supset B\\ \sim B\end{array}}{\sim A} \qquad \frac{\begin{array}{c}A \vee B\\ \sim B\end{array}}{A}$$

(modus tollens)

Ein **indirekter Beweis** einer Formel $A_1 \supset (A_2 \supset \ldots \supset (A_n \supset B)\ldots)$ ist eine endliche Folge von Formeln, von denen jede entweder eine der Annahmeformeln $A_1, \ldots, A_n$, $\sim B$ oder bereits bewiesen oder aus vorhergehenden Zeilen nach den Schlußregeln gewonnen worden ist und in der eine Formel als Beweiszeile vorkommt, die die Negation einer Formel in einer anderen Beweiszeile ist.

Zur Vereinfachung der Beweise werden im Folgenden drei zusätzliche Regeln ohne weitere Begründung verwendet. Intuitiv entsprechen sie den allgemein bekannten Verfahren der *hypothetischen Erörterung*, dem *indirekten Beweis* und der *Fallunterscheidung*:

Regel I

Wenn es aufgrund einer zusätzlichen Annahme A gelingt, zu einer Beweiszeile B zu kommen, so darf $A \supset B$ als Zeile zum Beweis hinzugefügt werden.

Regel II

Wenn es aufgrund einer zusätzlichen Annahme A gelingt, zu einander widersprechenden Beweiszeilen zu kommen, so darf $\sim A$ als Zeile zum Beweis hinzugefügt werden.

Regel III

Wenn eine Adjunktion Zeile des Beweises ist und es aufgrund der zusätzlichen Annahmen jedes Adjunktionsgliedes gelingt, zu einer Formel zu kommen, so darf diese Formel als Zeile zum Beweis hinzugefügt werden.

Auf diese Regeln wird mit RI–RIII Bezug genommen. Wann immer eine zusätzliche Annahme gemacht wird, so werden sie und die Beweiszeilen, die man mit ihrer Hilfe erhält, doppelt numeriert. Diese Zeilen dürfen im weiteren Beweis nicht verwendet werden. Erst nach Anwendung einer der Regeln RI–RIII wird zur einfachen Numerierung zurückgekehrt.

Die Annahmen des Beweises (im direkten und indirekten Beweis) und die Annahme des indirekten Beweises werden jeweils mit „A.d.B.“ und „A.d.i.B.“ gekennzeichnet, die Verwendung von Theoremen (oder abgeleiteten Schlußregeln) im Beweis erhält die Kennzeichnung „Th“.

Aufgabe 3.2.1: ◁◁◁

Beweisen Sie folgende Theoreme im System des natürlichen Schließens:

a) $p \supset p \lor p$
b) $(p \supset q) \land (q \supset r) \supset (p \supset r)$
c) $p \supset (q \supset r) \supset (p \land q \supset r)$
d) $\sim\sim p \supset p$
e) $p \lor q \supset (\sim q \supset p)$
f) $p \supset q \supset (\sim q \supset \sim p)$
g) $\sim p \land \sim q \supset \sim(p \lor q)$
h) $(\sim p \lor r) \land (q \supset r) \land (p \lor q) \supset r$
i) $(p \land q \supset r) \land (p \supset q) \supset (p \supset r)$
j) $(p \supset q) \land \sim q \supset \sim p \lor r$
k) $(p \supset r) \land (q \supset r) \supset (\sim r \supset \sim p \land \sim q)$
l) $\sim(p \lor q) \supset \sim p \land \sim q$
m) $\sim(\sim p \land \sim q) \supset p \lor q$
n) $\sim(\sim p \lor q) \supset p \land \sim q$
o) $(p \land \sim p) \supset q$
p) $p \supset q \land r \supset (p \supset q) \land (p \supset r)$
q) $(p_1 \supset q) \land (p_2 \supset r) \land \sim(q \lor r) \supset \sim(p_1 \lor p_2)$

Aufgabe 3.2.2: ◁◁◁

Formulieren Sie ein Theorem, welches die Gültigkeit der folgenden abgeleiteten Schlußregel garantiert:

$$\frac{A \lor B}{\sim B \supset A}$$

Aufgabe 3.2.3: ◁◁◁

Beweisen Sie die Gültigkeit folgender abgeleiteter Schlußregeln:

a)
$$\begin{array}{c} A \supset B \\ \sim B \\ \hline \sim A \end{array}$$

b)
$$\begin{array}{c} A \supset B \\ B \supset C \\ \hline \sim(A \land \sim C) \end{array}$$

c)
$$\begin{array}{c} A \supset B \\ B \supset C \\ \hline A \supset C \end{array}$$

▷▷▷ **Aufgabe 3.2.4:**
Formulieren Sie alle gültigen abgeleiteten Schlußregeln, die sich aufgrund folgender Theoreme gewinnen lassen:
a) $p \supset q \supset (p \vee r \supset q \vee r)$.
b) $\sim p \vee r \supset (q \supset r \supset (p \vee r \supset r))$
c) $(p \supset r) \wedge (q \supset r) \supset (\sim r \supset \sim p \wedge \sim q)$

Lösung

Lösungen

3.2.1 **Lösung 3.2.1:**

a)	1.	p	A.d.B.
	2.	$p \vee p$	EA 1
b)	1.	$(p \supset q) \wedge (q \supset r)$	A.d.B.
	2.	p	A.d.B.
	3.	$p \supset q$	BK 1
	4.	$q \supset r$	BK 1
	5.	q	AR 3, 2
	6.	r	AR 4, 5
c)	1.	$p \supset (q \supset r)$	A.d.B.
	2.	$p \wedge q$	A.d.B.
	3.	p	BK 2
	4.	q	BK 2
	5.	$q \supset r$	AR 1, 3
	6.	r	AR 5, 4
d)	1.	$\sim\sim p$	A.d.B.
	2.	$\sim p$	A.d.i.B.

Widerspruch zwischen Zeile 1 und 2.

e)	1.	$p \vee q$	A.d.B.
	2.	$\sim q$	A.d.B.
	3.	$\sim p$	A.d.i.B.
	4.	q	BA 1, 3

Widerspruch 2, 4

! **Kommentar:**
Die Regel BA erlaubt nur die Beseitigung der linken Seite der Adjunktion. Mit Hilfe dieses Theorems läßt sich nun auch die rechte Seite einer Adjunktion entsprechend beseitigen.

f)
1.	$p \supset q$	A.d.B.
2.	$\sim q$	A.d.B.
3.	p	A.d.i.B.
4.	q	AR 1, 3

Widerspruch 2, 4
Kommentar: !
Die Annahme des indirekten Beweises wurde hier auf verkürzende Weise getroffen. Korrekt hätte die Zeile auf folgende Weise erschlossen werden müssen:

3.	$\sim\sim p$	A.d.i.B.
4.	$\sim\sim p \supset p$	Th.
5.	p	AR 3, 4

Das Theorem, das in Zeile 4 dem Beweis hinzugefügt wurde, ist in der vorigen Aufgabe bewiesen worden. Offensichtliches Verwenden von erkennbaren, bereits bewiesenen Formeln kann in einem Schritt zusammengefaßt werden, so beispielsweise die Beseitigung von doppelten Negationen oder das Beseitigen von (mehreren) Konjunktionen. Das ist durch die Grundregeln und die Definition eines Beweises im System des Natürlichen Schließens legitimiert.
Nicht allein dadurch legitimiert ist die Ersetzung von äquivalenten Teilformeln durch äquivalente. Betrachen wir folgende Formelfolge:
i. $p \vee \sim\sim q$
j. $p \vee q$
Offenbar reicht es nicht aus, zwischen die Zeilen i und j eine Zeile mit dem Theorem $\sim\sim q \supset q$ einzufügen, um dann (beispielsweise aufgrund der Abtrennungsregel) einen formal korrekten Beweisabschnitt zu erhalten. Um solche und ähnliche Schritte zu legitimieren, sind wesentlich umfangreichere Argumentationen über das (zu beweisende) Ersetzbarkeitstheorem für Bisubjunktionen nötig:
Satz 3
Wenn $\vdash A \equiv B$, *so* $\vdash C \equiv C[A/B]$.

g)

1.	$\sim p \land \sim q$	A.d.B.
2.	$p \lor q$	A.d.i.B.
3.	$\sim p$	BK 1
4.	$\sim q$	BK 1
5.	q	BA 2, 3

Wdspr. 4, 5

h)

1.	$\sim p \lor r$	A.d.B.
2.	$q \supset r$	A.d.B.
3.	$p \lor q$	A.d.B.
4.	$\sim r$	A.d.i.B.
5.	$\sim p$	Th. 1, 4
6.	q	BA 3, 5
7.	r	AR 2, 6

Wdspr. 4, 7

! **Kommentar:**
Anstatt erst das gesamte Antezedens der Subjunktion als Annahmeformel zu schreiben und dann die Konjunktionen zu beseitigen, wurden hier gleich die einzelnen Konjunktionsglieder als Annahmen des Beweises verwendet.
Das Theorem zur Beseitigung der rechten Seite der Adjunktion, das in Zeile 5 verwendet wird, wurde weiter oben bewiesen.

i)

1.	$p \land q \supset r$	A.d.B.
2.	$p \supset q$	A.d.B.
3.	p	A.d.B.
4.	q	AR 2, 3
5.	$p \land q$	EK 3, 4
6.	r	AR 1, 5

j)

1.	$p \supset q$	A.d.B.
2.	$\sim q$	A.d.B.
3.	$\sim p$	Th. 1, 2
4.	$\sim p \lor r$	EA 3

! **Kommentar:**
Das verwendete Theorem ist die in dieser Aufgabe weiter oben bereits bewiesene Formel $p \supset q \supset (\sim q \supset \sim p)$, die Abtrennungsregel wird zweimal angewendet. Die diesem Theorem entsprechende hier anzuwendende abgeleitete Schlußregel lautet:

$$\frac{A \supset B \quad \sim B}{\sim A}$$

Diese Regel wird auch *modus tollens* genannt.

k)
1.	$p \supset r$	A.d.B.
2.	$q \supset r$	A.d.B.
3.	$\sim r$	A.d.B.
4.	$\sim p$	Th. 1, 3
5.	$\sim q$	Th. 2, 3
6.	$\sim p \wedge \sim q$	EK 4, 5

Kommentar: !

Das verwendete Theorem ist dasselbe wie in der vorigen Teilaufgabe.

l)
1.	$\sim(p \vee q)$	A.d.B.
1.1.	p	z.A.
1.2.	$p \vee q$	EA 1.1
2.	$\sim p$	RII 1, 1.2
2.1.	q	z.A.
2.2.	$p \vee q$	EA 2.1
3.	$\sim q$	RII 1, 2.2
4.	$\sim p \wedge \sim q$	EK 2, 3

m)
1.	$\sim(\sim p \wedge \sim q)$	A.d.B.
2.	$\sim(p \vee q)$	A.d.i.B.
3.	$\sim p \wedge \sim q$	Th. 2

Wdspr. 1, 3

Kommentar: !

Das verwendete Theorem ist eine der DeMorganschen Regeln, es wurde in der vorigen Teilaufgabe bewiesen.

n)
1.	$\sim(\sim p \vee q)$	A.d.B.
2.	$\sim\sim p \wedge \sim q$	Th. 1
3.	$\sim q$	BK 2
4.	$\sim\sim p$	BK 2
5.	p	Th. 4
6.	$p \wedge \sim q$	EK 5, 3

Kommentar: !

Das erste verwendete Theorem ist dasselbe wie in der vorigen Teilaufgabe, das zweite ist die ebenfalls bereits bewiesene Beseitigung der doppelten Negation. Man beachte, dass in Zeile 2 nicht sofort die doppelte

Negation beseitigt werden darf (vgl. Kommentar zu f).

o)

1.	p	A.d.B.
2.	$\sim p$	A.d.B.
3.	$\sim q$	A.d.i.B.

Wdspr. 1, 2

! **Kommentar:**

Die beiden Annahmen des Beweises enthalten bereits einen Widerspruch. Dennoch ist der Beweis an dieser Stelle noch nicht beendet, da die Annahme des indirekten Beweises formuliert werden muß, damit ein indirekter Beweis überhaupt vorliegt (vorher ist die Formelfolge keiner).

Mit Hilfe dieses Theorems kann man aus einem Widerspruch jede beliebige Formel beweisen.

p)

1.	$p \supset q \wedge r$	A.d.B.
1.1.	p	z.A.
1.2.	$q \wedge r$	AR 1, 1.1
1.3.	q	BK 1.2
1.4.	r	BK 1.2
2.	$p \supset q$	RI 1.1 $\supset$ 1.3
3.	$p \supset r$	RI 1.1 $\supset$ 1.4
4.	$(p \supset q) \wedge (p \supset r)$	EK 2, 3

q)

1.	$p_1 \supset q$	A.d.B.
2.	$p_2 \supset r$	A.d.B.
3.	$\sim(q \vee r)$	A.d.B.
4.	$p_1 \vee p_2$	A.d.i.B.
4.1.	p_1	z.A.
4.2.	q	AR 4.1, 1
4.3.	$q \vee r$	EA 4.2
5.1.	p_2	z.A.
5.2.	r	AR 5.1, 2
5.3.	$q \vee r$	EA 5.2
6.	$q \vee r$	RIII 4.3, 5.3

Wdspr. 6, 3

! **Kommentar:**

Ausgangspunkt für die Anwendung von *RIII* ist die Adjunktion in Zeile 4. Beide Adjunktionsglieder werden zusätzlich angenommen (4.1 und 5.1) und aus beiden zusätzlichen Annahmen erhält man die Formel

$q \vee r$, die dann dem Beweis als neue Zeile hinzugefügt werden kann.

Lösung 3.2.2: 3.2.2

$(A \vee B) \supset (\sim B \supset A)$ ist das entsprechende Theoremschema, ein diesem Schema entsprechendes Theorem ist $(p \vee q) \supset (\sim q \supset p)$.

Lösung 3.2.3: 3.2.3

a)

1.	$A \supset B$	A.d.B.
2.	$\sim B$	A.d.B.
3.	A	A.d.i.B.
4.	B	AR 1, 3

Wdspr. 2, 4

Kommentar: !

Bewiesen wurde hier das der abgeleitenden Regel entsprechende Theoremschema $A \supset B \supset (\sim B \supset \sim A)$. Einen Beweis eines entsprechenden Theorems erhält man durch eine Einsetzung von Aussagenvariablen in die Metavariablen in jeder Zeile des Beweisschemas. Die Gültigkeit der Schlußregel ist sowohl mit dem Beweisschema als auch mit einem Beweis eines entsprechenden Theorems nachgewiesen. Der Beweis des entsprechenden Theorems genügt, weil aus ihm offensichtlich der Beweis des Theoremschemas zu erhalten ist, indem man alle Aussagenvariablen durch Metavariablen ersetzt.

b)

1.	$A \supset B$	A.d.B.
2.	$B \supset C$	A.d.B.
3.	$A \wedge \sim C$	A.d.i.B.
4.	A	BK 3
5.	B	AR 1, 4
6.	C	AR 2, 5
7.	$\sim C$	BK 3

Wdspr. 6, 7

c) Die Regel wurde aus $A \supset B \supset (B \supset C \supset (A \supset C))$ abgeleitet.
Beweis:

1.	$A \supset B$	A.d.B.
2.	$B \supset C$	A.d.B.
3.	A	A.d.B.
4.	B	AR 1, 3
5.	C	AR 2, 4

3.2.4 **Lösung 3.2.4:**

a) $\dfrac{A \supset B}{A \vee C \supset B \vee C}$ $\qquad$ $\dfrac{\begin{array}{c}A \supset B\\ A \vee C\end{array}}{B \vee C}$

b) $\dfrac{\sim A \vee C}{(B \supset C \supset (A \vee C \supset C))}$ $\qquad$ $\dfrac{\begin{array}{c}\sim A \vee C\\ B \supset C\end{array}}{A \vee C \supset C}$ $\qquad$ $\dfrac{\begin{array}{c}\sim A \vee C\\ B \supset C\\ A \vee C\end{array}}{C}$

c) $\dfrac{(A \supset C) \wedge (B \supset C)}{\sim C \supset \sim A \wedge \sim B}$ $\qquad$ $\dfrac{\begin{array}{c}(A \supset C) \wedge (B \supset C)\\ \sim C\end{array}}{\sim A \wedge \sim B}$

3.3 Natürliches Schließen und natürliche Sprache

(Lösungen ab Seite 65)

In den folgenden Aufgaben geht es nicht um die Schwierigkeit der Herleitung, sondern um die Umgestaltung einer Aufgabenstellung in natürlicher Sprache in ein aussagenlogisch lösbares Problem. Die Sprache der Aussagenlogik wird um neue Aussagenvariablen erweitert, die an die Aufgaben angepaßt sind („g" für „Der *G*ärtner ist der Mörder" und so fort). Prinzipiell hätten wir auch weiterhin im gegebenen Alphabet arbeiten können, so sind die Formeln jedoch besser lesbar. Wir legen also fest, daß alle kleinen Buchstaben in den folgenden Formeln Aussagenvariablen sind.

▷▷▷ **Aufgabe 3.3.1:**

a) Im Schloßgarten ist ein Mord geschehen, leider gibt es keine Zeugen. Der am Tatort gefundene Schal könnte eine Rolle spielen, da der Tote aber schon einige Zeit im Garten liegt, ist das nicht sicher. Immerhin ist klar, daß nur der Gärtner, der Butler und der Fahrer überhaupt manchmal einen Schal tragen. Allerdings sind der Gärtner und der Butler letzte Woche nur am Dienstag im Garten gewesen und am Dienstag war schönes Wetter. Zeigen Sie, daß der Fahrer der Mörder war, wenn der Mörder einen Schal trug!

b) Wenn der Mörder einen Schal trug, war es also der Fahrer. Der hatte aber einen sehr knappen Zeitplan und konnte nicht lange Zeit hintereinander unbeaufsichtigt bleiben. Wenn er nur einmal im Schloßgarten war, konnte er die Spuren nicht verwischen, dazu mußte er zweimal in den Schloßgarten kommen. Er ist aber als schlau bekannt und würde ganz sicher versuchen, nicht erwischt zu werden. Die Spurensicherung konnte Spuren feststellen und es ist nachweisbar, daß der Fahrer zweimal im Schloßgarten war. Trug der Mörder einen Schal?

c) Wenn der Butler der Mörder war, dann hätte er den Fahrer am Betreten des Schloßgartens gehindert. Der war aber – wie bekannt – zweimal da. Außerdem stellt sich heraus, daß der Butler und der Gärtner Brüder sind und nur gemeinsam am Mord beteiligt oder unbeteiligt sind. Einer muß es aber gewesen sein: der Gärtner, der Butler, der Fahrer oder die scheinheilige Erbtante. Ist es die Erbtante gewesen?

Lösungen

Lösung

Lösung 3.3.1:

3.3.1

a) Wenn nur Gärtner, Butler und Fahrer manchmal einen Schal tragen, gilt: *Wenn der Mörder den Schal trug, war der Gärtner der Mörder oder der Butler der Mörder oder der Fahrer der Mörder*: $s \supset g \vee b \vee f$. Wenn es der Gärtner oder der Butler war, fand der Mord am Dienstag statt: $g \vee b \supset d$; am Dienstag trug der Mörder wegen des guten Wetters keinen Schal: $d \supset \sim s$. Es ist zu zeigen, daß der Fahrer der Mörder gewesen ist, falls dieser einen Schal trug: $s \supset f$.

1.	$s \supset g \vee b \vee f$	A.d.B.
2.	$g \vee b \supset d$	A.d.B.
3.	$d \supset \sim s$	A.d.B.
3.1.	s	z.A. RI
3.2.	$g \vee b \vee f$	AR
3.3.	$\sim d$	Th. 3.1, 3
3.4.	$\sim(g \vee b)$	Th. 3.3, 2
3.5.	f	BA 3.4, 3.2
4.	$s \supset f$	RI

Kommentar:

!

Da eine Subjunktion zu beweisen ist, kann das Antezedens als zusätzliche Annahme zu den Beweiszeilen hinzugefügt werden. Nach der Strukturregel zum Hinzufügen einer Subjunktion wird die zusätzliche Annahme wieder ausgeschlossen, indem sie (hier im letzten Schritt) subjunktiv einer (doppelt numerierten) Beweiszeile (dem erwünschten Konsequens) vorangestellt wird.

Das mehrfach verwendete Theorem ist $A \supset B \supset (\sim B \supset \sim A)$, der *modus tollens.* (Die daraus abgeleitete Schlußregel wurde in Aufgabe 3.2.3 bewiesen.)

Beachten Sie bitte, daß weder gezeigt wurde, daß der Fahrer der Mörder ist, noch daß er nicht der Mörder ist, falls der Mörder keinen Schal getragen hat!

b) Offenbar gilt: *Wenn der Fahrer der Mörder war, dann gab es Spuren wenn er einmal da war, und es gab keine Spuren wenn er zweimal da war*: $f \supset (o \supset e) \wedge (t \supset \sim e)$. Außerdem ist die zweimalige Anwesenheit des Fahrers und die Anwesenheit von Spuren festgestellt worden: $t \wedge e$. Wir wissen, daß der Fahrer der Mörder war, falls der Mörder den Schal trug und nehmen zusätzlich an, daß der Mörder tatsächlich einen Schal trug:

1.	$f \supset (o \supset e) \wedge (t \supset \sim e)$	A.d.B.
2.	$t \wedge e$	A.d.B.
3.	$s \supset f$	A.d.B.
4.	s	A.d.i.B.
5.	f	AR
6.	$(o \supset e) \wedge (t \supset \sim e)$	AR
7.	$t \supset \sim e$	BK
8.	t	BK
9.	e	BK
10.	$\sim e$	AR

Widerspruch.

! **Kommentar:**

Die Annahme, daß der Mörder einen Schal trug, wurde zum Widerspruch geführt. Damit ist gezeigt, daß der Mörder unter den angegebenen (weiteren) Voraussetzungen keinen Schal getragen haben kann. Manchmal werden solche Herleitungen mit den Worten zusammengefaßt: „Es ist *logisch*, bzw. es ist *notwendig*, daß der Mörder keinen Schal getragen hat“. Als verkürzte Redeweise ist das völlig korrekt. Beachten Sie jedoch, daß die Logik keine Aussagen über die außersprachliche Wirklichkeit macht – wir haben gezeigt, daß aus den gesetzten Prämissen der Satz, daß der Mörder keinen Schal getragen hat, folgt. Stellt sich heraus, daß der Mörder doch einen Schal trug, ist nicht die Logik „falsch“, sondern (mindestens) eine der Prämissen ist nicht wahr.

c) *Wenn der Butler der Mörder war, war der Fahrer nicht zweimal im Schloßgarten*: $b \supset \sim t$. Außerdem sind Butler und Gärtner beide Mörder oder beide nicht Mörder: $b \equiv g$. Weiterhin muß eine der vier Personen der Mörder (oder die Mörderin) sein: $b \vee g \vee f \vee d$. Wir wissen, daß Spuren gefunden wurden und der Fahrer zweimal am Ort war. Wir wissen außerdem, daß er die Gelegenheit genutzt hätte, die Spuren zu beseitigen. Zeigen wir zunächst, daß der Fahrer nicht der Mörder war:

1.	$f \supset (o \supset e) \wedge (t \supset \sim e)$	A.d.B.
2.	$t \wedge e$	A.d.B.
3.	e	BK
4.	t	BK
4.1.	f	z.A. RII
4.2.	$t \supset \sim e$	AR, BK
4.3.	$\sim e$	AR
5.	$\sim f$	RII

Nun wird gezeigt, daß Butler und Gärtner nicht schuldig sind:

1.	$b \supset \sim t$	A.d.B.
2.	$b \equiv g$	A.d.B.
3.	t	A.d.B.
4.	$\sim b$	Th.
5.	$\sim g$	Th.

Also war es die Erbtante, denn es gilt:

1.	$g \vee b \vee f \vee d$	A.d.B.
2.	$\sim g$	A.d.B.
3.	$\sim b$	A.d.B.
4.	$\sim f$	A.d.B.
5.	d	3 x BA

Kommentar: !

Die kursiv gesetzten Sätze sind Umformulierungen und teilweise Zusammenfassungen der in der Geschichte gebotenen Informationen. Wir haben uns bemüht, das nur in ganz zweifelsfreien Fällen zu tun. Die logische Analyse von Problemen, die in natürlicher Sprache gegeben sind, hängt ganz wesentlich von der Formalisierung der Sätze und vom Erkennen der logischen Strukturen ab. Manchmal ist die Struktur auch nicht ohne weiteres eindeutig zu ermitteln. In den meisten vorkommenden Fällen ist es dann möglich, durch Nachfragen (oder weitere kriminalistische Arbeit) die erforderliche Eindeutigkeit herzustellen. Wie Sie vielleicht bemerkt haben, ist es manchmal auch ein Problem festzustellen, welche Informationen irrelevant sind. Hier gilt jedoch, daß formal ausgedrückte, nicht benötigte Aussagen das Argument nicht entkräften.

3.4 Richtig oder falsch?

(Lösungen ab Seite 168)

▷▷▷ **Aufgabe 3.4.1:**
Ein axiomatischer Kalkül ist absolut widerspruchsfrei, wenn ...
a) ... seine Axiome und Schlußregeln unabhängig sind.
b) ... in ihm nicht alle Formeln beweisbar sind.
c) ... in ihm alle Tautologien der Aussagenlogik beweisbar sind.
d) ... in ihm nur die Tautologien der Aussagenlogik beweisbar sind.
e) ... in ihm alle Formeln beweisbar sind.

▷▷▷ **Aufgabe 3.4.2:**
Ein axiomatischer Kalkül ist semantisch vollständig, wenn ...
a) ... in ihm keine Kontradiktion beweisbar ist.
b) ... das Hinzufügen eines weiteren Axioms den Kalkül widersprüchlich macht.
c) ... in ihm alle Tautologien der Aussagenlogik beweisbar sind.
d) ... in ihm alle Formeln beweisbar sind.
e) ... in ihm nur die Tautologien der Aussagenlogik beweisbar sind.
f) ... in ihm nicht eine Formel und ihre Negation beweisbar sind.

▷▷▷ **Aufgabe 3.4.3:**
Ein axiomatischer Kalkül ist syntaktisch vollständig, wenn ...
a) ... seine Axiome und Regeln voneinander unabhängig sind.
b) ... das Hinzufügen einer Formel, die kein Theorem im System ist, als Axiom das System widersprüchlich macht.
c) ... die Axiome Tautologien der Aussagenlogik sind.

▷▷▷ **Aufgabe 3.4.4:**
Gesetzt, dem Kalkül NS wird als Axiom die Formel $p \supset \sim r$ hinzugefügt. Welche der folgenden Aussagen gilt dann für den neuen Kalkül NS'?
a) NS' ist semantisch vollständig.
b) In NS' ist $q \wedge \sim q$ beweisbar.
c) In NS' sind alle Axiome unabhängig.
d) NS' ist widerspruchsfrei.
e) Alle Tautologien der Aussagenlogik sind Theoreme in NS'.
f) Alle Theoreme von NS' sind Tautologien in der Aussagenlogik.

Aufgabe 3.4.5: ◁◁◁

Gesetzt, jemand streicht aus dem Kalkül NS das Axiom $p \supset (q \supset p)$. Welche der folgenden Aussagen gelten in neuen Kalkül NS″?

a) NS″ ist semantisch vollständig.
b) NS″ ist syntaktisch vollständig.
c) In NS″ ist $q \wedge \sim q$ nicht beweisbar.
d) In NS″ sind alle Axiome unabhängig.
e) NS″ ist widerspruchsfrei.
f) Alle Tautologien der Aussagenlogik sind Theoreme in NS″.
g) Alle Theoreme von NS″ sind Tautologien in der Aussagenlogik.

Aufgabe 3.4.6: ◁◁◁

Entscheiden Sie, ob die folgenden Aussagen wahr oder falsch sind:
Im System des natürlichen Schließens …

a) …kann jeder Beweis direkt geführt werden.
b) …kann jeder Beweis indirekt geführt werden.
c) …sind alle Tautologien der klassischen zweiwertigen Aussagenlogik beweisbar.
d) …läßt sich $p \wedge \sim p$ indirekt beweisen, weil der Beweis zum Widerspruch führt.

Kapitel 4

Sprache und Semantik der Prädikatenlogik

Der häufig anzutreffende Terminus „Quantorenlogik“ (oder „Quantorentheorie“) ist synonym zum hier bevorzugten „Prädikatenlogik“. Gegenstand des Abschnitts ist allein die Prädikatenlogik erster Stufe.

4.1 Die Formeldefinition in der Prädikatenlogik

(Lösungen ab Seite 74)

Aufgabe 4.1.1: ◁◁◁

Bestimmen Sie in den folgenden Sätzen die logischen Subjekte, die Prädikate und deren Stellenzahl. Bisweilen gibt es mehrere Möglichkeiten.

a) Klaus repariert das Fahrrad.
b) Kiel liegt an der Ostsee.
c) Gabi und Klaus streiten sich.
d) Gabi und Klaus reparieren Gabis Fahrrad,
e) Neumünster liegt zwischen Hamburg und Flensburg.

Aufgabe 4.1.2: ◁◁◁

a) Definieren Sie den Begriff „Prädikatenlogische Formel“ für eine Sprache mit Individuenvariablen und Prädikatenkonstanten, den aussagenlogischen Operatoren *Negation* und *Adjunktion*, dem *Allquantor („alle“)* und Klammern. Definieren Sie dazu zunächst den Begriff *Prädikatformel.*

b) Definieren Sie den Begriff „Prädikatenlogische Formel“ für eine Sprache, die Individuenvariablen (x, y, z mit und ohne Indizees), Prädikatenkonstanten (P, Q, R mit und ohne Indizes), keine Aussagenvariablen, zwei Quantoren, die Negation und mindestens einen zweistelligen aussagenlogischen Operator sowie Klammern enthält.

c) Definieren Sie den Begriff „Prädikatenlogische Formel“ für eine Sprache mit Aussagen- und Individuenvariablen, Individuenkonstanten, Prädikatenkonstanten, einem Quantor, einem aussagenlogischen Operator, dem Prädikat der Identität und Klammern!

> Zusätzlich zur bisher verwendeten Klammernkonvention (Seite 7) wird folgende Regel zur Einsparung von Klammern beachtet:
>
> - Klammern um einen Quantor und die dazugehörige Individuenvariable können weggelassen werden.
>
> Wir werden manchmal künftig auch einen Quantor (ein Quantorenzeichen) mit der dazugehörigen Individuenvariablen als „Quantor“ bezeichnen. Das sollte keine Verwirrung stiften.

▷▷▷ **Aufgabe 4.1.3:**

Welche der folgenden Zeichenreihen sind bei Berücksichtigung der Klammernkonvention quantorenlogische Formeln? Vorausgesetzt wird eine Sprache, in der große und kleine Buchstaben, Indizes, Klammern und logische Zeichen so, wie in den vorangegangen Abschnitten beschrieben, verwendet werden.

a) $q \vee P(x)$
b) $(p \wedge (P(q) \vee {\sim}q))$
c) $(\forall y \supset \exists z P(z))$
d) $\forall x \exists y P(x,y) \wedge Q(x,y) \supset \exists z R(x,y)$
e) $\exists {\sim} x P(x) \equiv \forall x Q(x)$
f) $(P(x) \supset (\forall y)(P(y) \supset P(x)))$
g) $\forall x(P(x) \supset Q(x)) \supset (\forall x P(x) \supset \forall x Q(x))$
h) $\forall x {\sim}(p \supset Q(y,x))$
i) $\forall x(p \supset \exists P(x))$
j) $\forall x \exists y(P(x) \supset y)$

Welche der Zeichenreihen, die Sie als Formeln erkannt haben, sind keine Formeln bei Nichtberücksichtigung der Klammernkonvention?

Kennzeichnen Sie in den Formeln die Wirkungsbereiche der Quantoren, sowie die freien und gebundenen Vorkommen der Individuenvariablen.

Aufgabe 4.1.4: ◁◁◁

Überprüfen Sie, welche der folgenden Zeichenreihen Formeln der Prädikatenlogik mit Identität sind.

a) $(p \wedge (\exists x)(P(x = a) \vee \sim q))$
b) $(p \wedge (\exists x)(P(x) = a \vee q))$
c) $(i = j \supset (P(i) \supset q))$
d) $x = q$
e) $y = a$
f) $(p \wedge (\exists x)((P(y) \supset x = a) \vee q))$
g) $P(x) = P(y)$
h) $x = y \equiv a = c$

Aufgabe 4.1.5: ◁◁◁

Ermitteln Sie die logische Struktur folgender Aussagen in der Sprache der klassischen Prädikatenlogik:

a) Alle Menschen sind glücklich.
b) Nicht alle Menschen sind glücklich.
c) Einige Menschen sind ehrlich.
d) Alle Menschen sind nicht käuflich.
e) Kein Mensch ist nicht ehrlich.
f) Jemand ruft mich an.
g) Ich rufe jemanden an.
h) Keiner kennt die Ursache.
i) Manchmal ist Hans glücklich.

Aufgabe 4.1.6: ◁◁◁

Formulieren Sie folgende Sätze in der Sprache der Prädikatenlogik:

a) Alle wollen alt werden, aber niemand will alt sein.
b) Wenn jeder an sich denkt, ist an alle gedacht. (Verwenden Sie das zweistellige Prädikat $P(\ldots,\ldots)$ – „... denkt an ...".)

Aufgabe 4.1.7: ◁◁◁

Formulieren Sie folgende Sätze in der Sprache der Prädikatenlogik mit Identität:

a) „In Adams Tasche befinden sich höchstens zwei Markstücke."
(Verwenden Sie dazu die Prädikate $P(\ldots)$ – „... ist ein Markstück" und $Q(\ldots)$ – „... befindet sich in Adams Tasche")
b) „Anton liebt mindestens zwei Mädchen."
(Benutzen Sie die Konstante a für Anton sowie zwei Prädikate $P(\ldots)$ – „... ist Mädchen" und $Q(\ldots,\ldots)$ – „... liebt ...".)
c) „In Petras Schrank befinden sich genau zwei Paar Schuhe."

(Verwenden Sie dazu die Prädikate $P(\ldots)$ – „... ist ein Paar Schuhe" und $Q(\ldots)$ – „... befindet sich in Petras Schrank".)

d) „Keine zwei Elektronen befinden sich im selben Zustand."
(Verwenden Sie dazu die Prädikate $Z(\ldots)$ – „... ist ein Zustand", $E(\ldots)$ – „... ist ein Elektron" und $B(\ldots,\ldots)$ – „... befindet sich in ...".)

Lösung

Lösungen

4.1.1

Lösung 4.1.1:

a) Es gibt drei Möglichkeiten:

- Subjekt: „Klaus"; einstelliges Prädikat: „... repariert das Fahrrad"
- Subjekte: „Klaus", „das Fahrrad"; zweistelliges Prädikat: „... repariert ... "
- Subjekt: „das Fahrrad"; einstelliges Prädikat: „Klaus repariert ... " bzw. „... wird von Klaus repariert"

!

Kommentar:

Die Subjekt–Prädikat–Unterscheidung in der Logik entspricht nicht genau der Subjekt–Prädikat–Unterscheidung in der Grammatik. Grammatisch haben wir hier eine Subjekt–Prädikat–Akkusativobjekt–Struktur vorliegen. Die in der Grammatik übliche Unterscheidung zwischen „Satzgegenstand", „Satzaussage" und „Satzteil, auf den sich die Satzaussage bezieht" (Subjekt, Prädikat, Objekt) wird fast parallel in der Logik auf die Funktion der in (einfachen prädikativen) Sätzen vorkommenden Termini bezogen: Ein solcher Satz besteht aus Termini, die Gegenstände bezeichnen sollen und aus Termini, die Eigenschaften oder Relationen zwischen diesen Gegenständen ausdrücken sollen. Dabei wird „Gegenstand" im weitesten Sinne aufgefaßt. Die erste Sorte von Termini sind Subjekttermini (und sollen die Subjekte bezeichnen), die letztere Sorte sind Prädikattermini (und sollen die Prädikate ausdrücken). Die Termini *„Klaus"* und *„das Fahrrad"* sind offenbar dazu gedacht, Klaus und das Fahrrad zu bezeichnen, *„repariert"* drückt eine spezielle Relation aus, die genau dann zwischen beiden besteht, wenn ersterer letzteres repariert. Klaus hat in diesem Fall aber auch die – komplexere – Eigenschaft, *das Fahrrad zu reparieren*, während das Fahrrad die – davon verschiedene – Eigenschaft hat, *von Klaus repariert zu werden.*

b) Es gibt drei Möglichkeiten:
- Subjekt: „Kiel"; einstelliges Prädikat: „... liegt an der Ostsee"
- Subjekte: „Kiel", „Ostsee"; zweistelliges Prädikat: „... liegt an ... "
- Subjekt: „Ostsee"; einstelliges Prädikat: „Kiel liegt an ... " bzw. „... ist etwas, woran Kiel liegt"

c) Es gibt drei Möglichkeiten:
- Subjekte: „Klaus", „Gabi"; zweistelliges Prädikat: „... und ... streiten sich"
- Subjekt: „Klaus"; einstelliges Prädikat: „... streitet sich mit Gabi"
- Subjekt: „Gabi"; einstelliges Prädikat: „... streitet sich mit Klaus"

d) Es gibt drei Möglichkeiten analog zum Fall a). Zu beachten ist jedoch, daß das Paar „Gabi und Klaus" hier als ein einzelnes Subjekt auftritt.

Kommentar: !

Offenbar ist ja nicht „Gabi repariert ihr Fahrrad und Klaus repariert Gabis Fahrrad" gemeint (wer trägt das Klavier, wenn vier Männer das Klavier in die Wohnung bringen?). Paare, Tripel, allgemein n–Tupel können Subjekte in Aussagen sein. Das „und" ist in diesem Falle also kein aussagenbildendender Operator „$\wedge$", sondern ist als terminusbildender Operator zu interpretieren, der aus zwei Subjekttermini einen neuen Terminus (den Namen des Paares) bildet. Welche Rolle ein natürlichsprachliches Vorkommen von „und" in einem Kontext spielt, kann nur aus dem Kontext erschlossen werden. Der Satz „Gabi und Klaus gehen ins Kino" läßt sogar beide Interpretationen des „und" zu.

e) Es gibt sieben Möglichkeiten:
- Subjekte: „Neumünster", „Hamburg", „Flensburg"; ein dreistelliges Prädikat: „... liegt zwischen ... und ... "
- ...
- Subjekt: „Neumünster"; einstelliges Prädikat: „... liegt zwischen Hamburg und Flensburg"
- ...

Kommentar: !

Logisch sind das verschiedene, aber „gleich gute" Prädikate, die jeweils auf Städte, Paare von Städten oder Tripel von Städten zutreffen oder nicht zutreffen. In der natürlichen Sprache werden nicht alle diese Prädikate auch gebildet und verwendet, so klingt „zwischen Hamburg und Flensburg liegen" ganz gebräuchlich, „zwischen Hamburg und ... liegen" aber sehr schief. Mit diesen Zusammenhängen beschäftigt sich die Logik nicht, in der Grammatik fällt das in das Gebiet der Analyse der *Konstituentenstruktur*.

4.1.2 **Lösung 4.1.2:**

a) *Prädikatformel:*
1. Wenn f eine n-stellige Prädikatenkonstante ist und $i_1, i_2, \ldots, i_n$ Individuenvariablen sind, dann ist $f(i_1, i_2, \ldots, i_n)$ eine Prädikatformel.

Prädikatenlogische Formel:
1. Prädikatformeln sind quantorenlogische Formeln.
2. Wenn A eine quantorenlogische Formel ist, so auch $\sim A$.
3. Wenn A und B quantorenlogische Formeln sind, so auch $(A \vee B)$.
4. Wenn A eine quantorenlogische Formel und i eine Individuenvariable ist, so ist $(\forall i)A$ eine quantorenlogische Formel.
5. Nichts anderes ist eine quantorenlogische Formel.

b) *Prädikatformel:*
1. Wenn f eine n-stellige Prädikatenkonstante ist und $i_1, i_2, \ldots, i_n$ Individuenvariablen sind, dann ist $f(i_1, i_2, \ldots, i_n)$ eine Prädikatformel.

Prädikatenlogische Formel:
1. Prädikatformeln sind quantorenlogische Formeln.
2. Wenn A eine quantorenlogische Formel ist, so auch $\sim A$.
3. Wenn A und B quantorenlogische Formeln sind, so auch $(A \vee B)$ und $(A \supset B)$.
4. Wenn A eine quantorenlogische Formel und i eine Individuenvariable ist, so ist $(\forall i)A$ eine quantorenlogische Formel.
5. Wenn A eine quantorenlogische Formel und i eine Individuenvariable ist, so ist $(\exists i)A$ eine quantorenlogische Formel.
6. Nichts anderes ist eine quantorenlogische Formel.

c) *Prädikatformel:*
1. Wenn i_1 und i_2 Individuenvariablen oder Individuenkonstanten sind, dann ist $i_1 = i_2$ eine Prädikatformel.
2. Wenn f eine n-stellige Prädikatenkonstante ist und $i_1, \ldots, i_n$ Individuenvariablen oder Individuenkonstanten sind, dann ist der Ausdruck $f(i_1, \ldots, i_n)$ eine Prädikatformel.

Prädikatenlogische Formel:
1. Alleinstehende Aussagenvariablen sind quantorenlogische Formeln.
2. Prädikatformeln sind quantorenlogische Formeln.
3. Wenn A und B quantorenlogische Formeln sind, so auch $(A \mid B)$.
4. Wenn A eine quantorenlogische Formel und i eine Individuenvariable ist, so ist $(\exists i)A$ eine quantorenlogische Formel.
5. Nichts anderes ist eine quantorenlogische Formel.

Kommentar: !

Achten Sie auf die Verwendung von Metazeichen, verwenden Sie nicht die Individuen- und Prädikatenkonstanten und die Individuenvariablen des Alphabets.

Lösung 4.1.3: 4.1.3

a) Formel, es fehlt jedoch die Außenklammer.
x ist frei.

b) Keine Formel.
Kommentar: !
Das Prädikat P wird der Aussagenvariablen q prädiziert, es kann dort aber nur eine Individuenvariable oder -konstante vorkommen.

c) Keine Formel.
Kommentar: !
In einer Formel der Form $\forall iA$ muß A selbst eine quantorenlogische Formel sein. Das ist hier nicht der Fall, denn auf $\forall y$ folgt keine Formel.

d) Formel, es fehlen jedoch die Außenklammern sowie die Klammern um die Konjunktion $(\forall x \exists y P(x, y) \wedge Q(x, y))$ und um die Quantoren $(\forall x)$, $(\exists y)$ und $(\exists z)$.
Die geschweiften Klammern zeigen den Wirkungsbereich des vorhergehenden Quantors an, der Index nennt die im Wirkungsbereich gebundene Variable. Unterstrichene Vorkommen von Individuenvariablen sind frei, die anderen gebunden:

$$\forall x \underbrace{\exists y \overbrace{P(x,y)}^{y}}_{x} \wedge Q(\underline{x},\underline{y}) \supset \exists z \underbrace{R(\underline{x},\underline{y})}_{z}$$

Kommentar: !
Der Wirkungsbereich des Quantors $(\exists z)$ im letzten Teil der Formel enthält keine Vorkommen der Variablen z. Diese kommt im Wirkungsbereich also weder frei noch gebunden vor (eben gar nicht); das heißt aber nicht, daß der entsprechende Quantor keinen Wirkungsbereich hätte.

e) Keine Formel.
Kommentar: !
Unmittelbar einem Quantor kann in einer Formel nur eine Individuenvariable folgen. Das ist hier nicht der Fall.

f) Formel.
Der Wirkungsbereich des Quantors ist die Formel $(P(y) \supset P(x))$, die Vorkommen von x sind frei und die von y gebunden.

g) Formel, es fehlen jedoch die Außenklammern und die Klammern um die Quantoren und die dazugehörigen Variablen.

$$\forall x \underbrace{(P(x) \supset Q(x))} \supset (\forall x \underbrace{P(x)} \supset \forall x \underbrace{Q(x)})$$

Alle Vorkommen der Individuenvariablen sind gebunden.

h) Formel, es fehlen jedoch die Außenklammern und die Klammern um den Quantor und die Individuenvariable.
Der Wirkungsbereich des Quantors ist die gesamte Formel mit der Negation beginnend, die Vorkommen von x sind gebunden und das Vorkommen von y ist frei.

i) Keine Formel.

! **Kommentar:**
Unmittelbar auf einen Quantor kann nur eine Individuenvariable folgen, das ist hier nicht der Fall.

j) Keine Formel.

! **Kommentar:**
Die Individuenvariable y darf nicht allein stehen, sondern darf nur an der Argumentenstelle eines Prädikats oder unmittelbar nach einem Quantor vorkommen.

4.1.4 **Lösung 4.1.4:**

a) Keine Formel.

! **Kommentar:**
Der Ausdruck $P(x = a)$ darf nicht vorkommen, denn $x = a$ ist kein logisches Subjekt, sondern eine Aussagenfunktion, über die nicht prädiziert werden darf.

b) Keine Formel.

! **Kommentar:**
Der Ausdruck $P(x) = a$ darf nicht vorkommen. Eine Aussagenfunktion kann nicht identisch mit einer Individuenkonstanten sein.

c) Keine Formel.

! **Kommentar:**
Die Zeichen i und j sind nicht Teil der Sprache, sondern Metazeichen.

d) Keine Formel.

! **Kommentar:**
x ist eine Individuen-, q eine Aussagenvariable, daher ist der Ausdruck $x = q$ keine Formel.

e) Formel.

f) Formel.

g) Keine Formel.
Kommentar: !
$P(x)$ und $P(y)$ sind weder Individuenkonstanten noch Individuenvariablen, mit denen allein das Identitätsprädikat aber Formeln bildet.
h) Formel.

Lösung 4.1.5: 4.1.5

a) $\forall x(P(x) \supset Q(x))$
$P(\ldots)$ – „...ist ein Mensch"; $Q(\ldots)$ – „...ist glücklich"
Kommentar: !
Zu lesen ist die Formel folgendermaßen: *Für alle Gegenstände gilt, wenn etwas ein Mensch ist, ist es auch glücklich.*
Die Formel $\forall x(P(x) \wedge Q(x))$ entspricht *nicht* dem gegebenen Satz, denn sie besagt, daß alle Gegenstände Menschen sind und überdies noch glücklich.
b) $\sim\forall x(P(x) \supset Q(x))$
$P(\ldots)$ – „...ist ein Mensch"; $Q(\ldots)$ – „...ist glücklich"
Kommentar: !
Diese Formalisierung konstatiert einen fehlenden Zusammenhang zwischen Menschsein und Glücklichsein. Offenbar ist es für die Wahrheit der Aussage in dieser Interpretation notwendig, daß es unglückliche Menschen gibt – vor acht Millionen Jahren war diese Aussage falsch. Äquivalent läßt sich schreiben: $\exists x(P(x) \wedge \sim Q(x))$.
c) $\exists x(P(x) \wedge Q(x))$
$P(\ldots)$ – „...ist ein Mensch"; $Q(\ldots)$ – „...ist ehrlich"
d) $\forall x(P(x) \supset \sim Q(x))$
$P(\ldots)$ – „...ist ein Mensch"; $Q(\ldots)$ – „...ist käuflich"
e) $\sim\exists x(P(x) \wedge \sim Q(x))$
$P(\ldots)$ – „...ist ein Mensch"; $Q(\ldots)$ – „...ist ehrlich"
Kommentar: !
Äquivalent läßt sich $\forall x(P(x) \supset Q(x))$ schreiben.
f) $\exists x R(x, a)$
a – „ich"; $R(\ldots, \ldots)$ – „...ruft ...an"
g) $\exists x R(a, x)$
a – „ich"; $R(\ldots, \ldots)$ – „...ruft ...an"
h) $\forall x \forall y(P(x, a) \supset \sim Q(y, x))$
$P(\ldots, \ldots)$ – „...ist Ursache für ..."; $Q(\ldots, \ldots)$ – „...kennt ..."
Kommentar: !
„Ursache" ist ein zweistelliges Prädikat: Etwas ist eine Ursache von etwas. Der Satz oben ist elliptisch und aus dem Äußerungskontext ist zu

klären, wessen Ursache gemeint ist. Das wird in der Formalisierung mit der Konstanten „a" ausgedrückt. Zu lesen ist die Formel folgendermaßen: *Für alle Gegenstände x und y gilt: Ist ersterer Ursache (für a), dann kennt letzterer diesen nicht.*

i) $\exists x(P(x) \wedge R(a,x))$
a – „Hans"; $P(\ldots)$ – „... ist ein Zeitraum"; $R(\ldots,\ldots)$ – „... ist glücklich in ..."

! **Kommentar:**
Das Wort „manchmal" bezieht sich offenbar auf zeitliche Abschnitte unbestimmter Länge. Zeitliche und räumliche Bezugnahme kann auf unterschiedliche Weise ausgedrückt werden; hier wurde eine Explikation gewählt, bei der das Prädikat „glücklich" eine (versteckte) Zeitstelle hat: Glücklich sein heißt immer, glücklich zu einer bestimmten Zeit zu sein. Analog dazu lassen sich die umgangssprachlichen Quantoren *immer*, *überall* usw. ausdrücken.

4.1.6 **Lösung 4.1.6:**

a) $Q(\ldots)$ – „... will alt werden"; $R(\ldots)$ – „... will alt sein":
$\forall x Q(x) \wedge \sim\exists x R(x)$

b) $\forall x P(x,x) \supset \forall y \exists x P(x,y)$

4.1.7 **Lösung 4.1.7:**

a) $\forall x \forall y \forall z(P(x) \wedge P(y) \wedge P(z) \wedge Q(x) \wedge Q(y) \wedge Q(z) \supset x = y \vee y = z \vee x = z)$

! **Kommentar:**
Anzahlaussagen mit „höchstens" lassen sich nach einem allgemeinen Schema ausdrücken: Wenn es höchstens n Gegenstände mit einer Eigenschaft gibt, so gilt für jede Liste von $n+1$ Gegenständen mit dieser Eigenschaft, daß sich wenigstens einer auf ihr wiederholt – und umgekehrt. Im Beispiel heißt das: Für alle drei Gegenstände, die Markstücke und auch in Adams Tasche sind, gilt, daß das erste nicht vom zweiten oder das zweite nicht vom dritten oder das erste nicht vom dritten verschieden ist. Offenbar sind also nur zwei verschiedene da.

b) $\exists x \exists y(x \neq y \wedge P(x) \wedge P(y) \wedge Q(a,x) \wedge Q(a,y))$

! **Kommentar:**
Anzahlaussagen mit „mindestens" lassen sich ähnlich allgemein ausdrücken: Wenn es mindestens n Gegenstände mit einer bestimmten Eigenschaft gibt, so gibt es eben auf jeden Fall n Gegenstände, die sich unterscheiden und die Eigenschaft haben.

c) $\forall x \forall y \forall z(P(x) \wedge P(y) \wedge P(z) \wedge Q(x) \wedge Q(y) \wedge Q(z) \supset$
$\supset x = y \vee y = z \vee x = z) \wedge \exists x \exists y(x \neq y \wedge P(x) \wedge P(y) \wedge Q(x) \wedge Q(y))$
Kommentar: !
„Genau“ ist „sowohl mindestens als auch höchstens“.

d) $\forall x_1 \forall x_2(E(x_1) \wedge E(x_2) \supset$
$\supset \forall y_1 \forall y_2(Z(y_1) \wedge Z(y_2) \wedge B(x_1, y_1) \wedge B(x_2, y_2) \supset y_1 \neq y_2))$

4.2 Die Semantik der Prädikatenlogik I: Interpretationen

(Lösungen ab Seite 84)

Sei $\mathcal{U}$ eine nichtleere Menge von Objekten. Die Menge $\mathcal{U}$ wird als *Individuenbereich* bezeichnet, man findet auch die Bezeichnungen *Universum*, *Quantifikationsbereich* oder ähnliche. Sei $\mathbf{I}$ eine Abbildung aus der Menge der Individuenkonstanten und Prädikatenkonstanten, für die gilt:

1. Wenn i eine Individuenkonstante ist, ist $\mathbf{I}(i) \in \mathcal{U}$.
2. Wenn f eine n-stellige Prädikatenkonstante ist, ist $\mathbf{I}(f) \subseteq \mathcal{U}^n$, wobei $\mathcal{U}^n$ das n-fache cartesische Produkt der Menge $\mathcal{U}$ ist.

Die Abbildung $\mathbf{I}$ wird *Interpretation der Individuenkonstanten und Prädikatenkonstanten auf der Menge* $\mathcal{U}$ genannt. Das Paar $\mathcal{M} = \langle \mathcal{U}, \mathbf{I} \rangle$ wird *Modell* für die entsprechende Sprache (mit den Individuenkonstanten und Prädikatenkonstanten) oder *algebraisches System* für diese Sprache genannt. Mit dem Modell liegt die Interpretation der konstanten Sprachbestandteile fest. Sei $\mathbf{s}$ eine Funktion aus der Menge der Variablen in die Menge $\mathcal{U}$. Die Funktion $\mathbf{s}$ wird *Belegung der Variablen* genannt, man findet auch die Bezeichnungen *Interpretation der Variablen* oder *Bewertung der Variablen*. Mit einer Belegung erhalten die Variablen eine Interpretation im Modell.

Im folgenden definieren wir eine Relation zwischen Modellen und Belegungen auf der einen Seite und prädikatenlogischen Formeln auf der anderen Seite. Wir schreiben dafür $\langle \mathcal{M}, \mathbf{s} \rangle \models A$ und lesen das folgendermaßen: Die Aussage A ist wahr bei der Belegung **s** und der Interpretation **I** im Individuenbereich $\mathcal{U}$.

1. Wenn A eine Formel $f(i_i, \ldots, i_n)$ ist, so gilt $\langle \mathcal{M}, \mathbf{s} \rangle \models A$ genau dann, wenn $\langle r(i_1), \ldots, r(i_n) \rangle \in \mathbf{I}(f)$; wobei $r(i_j) = \mathbf{I}(i_j)$ ist, falls i_j eine Individuenkonstante ist und $r(i_j) = \mathbf{s}(i_j)$ ist, falls i_j eine Individuenvariable ist.

2. Wenn A eine Formel $\sim B$ ist, so gilt $\langle \mathcal{M}, \mathbf{s} \rangle \models A$ genau dann, wenn $\langle \mathcal{M}, \mathbf{s} \rangle \models B$ nicht gilt.

3. Wenn A eine Formel $B \wedge C$ ist, so gilt $\langle \mathcal{M}, \mathbf{s} \rangle \models A$ genau dann, wenn $\langle \mathcal{M}, \mathbf{s} \rangle \models B$ und $\langle \mathcal{M}, \mathbf{s} \rangle \models C$ gelten.

4. Wenn A eine Formel $B \vee C$ ist, so gilt $\langle \mathcal{M}, \mathbf{s} \rangle \models A$ genau dann, wenn $\langle \mathcal{M}, \mathbf{s} \rangle \models B$ oder $\langle \mathcal{M}, \mathbf{s} \rangle \models C$ gelten.

5. Wenn A eine Formel $B \supset C$ ist, so gilt $\langle \mathcal{M}, \mathbf{s} \rangle \models A$ genau dann, wenn nicht $\langle \mathcal{M}, \mathbf{s} \rangle \models B$ gilt oder $\langle \mathcal{M}, \mathbf{s} \rangle \models C$ gilt.

6. Wenn A eine Formel $\forall i B$ ist, so gilt $\langle \mathcal{M}, \mathbf{s} \rangle \models A$ genau dann, wenn für alle $a \in \mathcal{U}$ gilt $\mathcal{M}, \mathbf{s}' \models B$, wobei $\mathbf{s}'(i) = a$ und ansonsten die Belegung $\mathbf{s}'$ für alle Variablen den gleichen Wert wie die Belegung **s** annimmt.

7. Wenn A eine Formel $\exists i B$ ist, so gilt $\langle \mathcal{M}, \mathbf{s} \rangle \models A$ genau dann, wenn für irgendein $a \in \mathcal{U}$ gilt $\mathcal{M}, \mathbf{s}' \models B$, wobei $\mathbf{s}'(i) = a$ und ansonsten die Belegung $\mathbf{s}'$ für alle Variablen den gleichen Wert wie die Belegung **s** annimmt.

Eine prädikatenlogische Formel ist genau dann

erfüllbar in einem Individuenbereich, wenn es eine Belegung der Individuenvariablen und eine Interpretation der Individuenkonstanten und Prädikatenkonstanten in diesem Individuenbereich gibt, so daß die Formel wahr im Individuenbereich bei dieser Interpretation und Belegung ist;

wahr in einem Modell, wenn sie bei der entsprechenden Interpretation der Individuenkonstanten und Prädikatenkonstanten in dem entsprechenden Individuenbereich wahr bei jeder Belegung der Variablen ist;

tautologisch in einem Wertebereich (oder allgemeingültig in einem Individuenbereich), wenn diese Formel bei jeder Interpretation im entsprechenden Modell wahr ist;

tautologisch (oder allgemeingültig), wenn sie in allen Individuenbereichen tautologisch ist (das heißt, wahr in jedem Modell).

Mit dem Terminus *Wertebereich einer prädikatenlogischen Formel* wird im folgenden die Menge der Ausdrücke bezeichnet, die durch die Belegung aller in der Formel vorkommenden freien Individuenvariablen mit Elementen aus einem vorgegebenen Individuenbereich entstehen.

Aufgabe 4.2.1: ◁◁◁

Der Wertebereich der Individuenvariablen sei $\{k_1, k_2\}$. Zählen Sie alle Elemente des Wertebereichs der folgenden prädikatenlogischen Formeln auf:

a) $\forall x \forall y R(x, y) \wedge P(y) \wedge Q(x)$

b) $\forall x P(x, y) \supset Q(x)$

Aufgabe 4.2.2: ◁◁◁

Gegeben sei ein Individuenbereich aus den natürlichen Zahlen von eins bis zehn und das Prädikat $P(a, b)$ mit der Interpretation „a ist kleiner oder gleich b“. Welche Bewertungen lassen sich für folgende Formeln in diesem Individuenbereich angeben?

a) $\forall x P(1, x)$

b) $P(x, y)$

c) $P(x, 8)$

d) $\exists x P(x, 8)$

e) $\forall x \forall y P(x,y)$
f) $P(x,x)$
g) $\forall x \exists y P(x,y)$
h) $\forall x \forall y \forall z (P(x,y) \wedge P(y,z) \supset P(x,z))$

▷▷▷ **Aufgabe 4.2.3:**

a) Es sei $\mathcal{U}$ der Individuenbereich, und $\mathcal{U} = \{1,\ 2\}$. Es sei R ein zweistelliges Prädikat, und R sei $>$ („das erste ist größer als das zweite Argument"). Zeigen Sie, daß die Formel $\exists x \exists y R(x,y)$ im Individuenbereich $\mathcal{U}$ wahr ist.
b) Zeigen Sie an einem philosophischen Beispiel, daß folgende Formel nicht allgemeingültig ist: $\forall x \exists y R(x,y) \supset \exists y \forall x R(x,y)$
c) Es sei $\mathcal{U}$ die Menge der natürlichen Zahlen $\{0, 1, \ldots, n, \ldots\}$. Es sei R die Relation „größer als". Warum ist $\forall x \exists y R(x,y)$ keine Tautologie in $\mathcal{U}$?
Geben Sie eine Relation an, mit der die Formel eine Tautologie im Individuenbereich ist.
Geben Sie einen Individuenbereich an, in dem die Formel (mit der Relation „größer als") eine Tautologie ist.

▷▷▷ **Aufgabe 4.2.4:**
Betrachten Sie die Formel $P(x) \wedge \forall x \exists y Q(x,y,y)$. Setzen Sie für die freie Individuenvariable nacheinander die Elemente aus dem Wertebereich $\mathcal{U} = \{0, 1\}$ ein, interpretieren Sie P als „ist kleiner als 2 (< 2)" und Q als „das erste Argument multipliziert mit dem zweiten ist gleich dem zweiten Argument ($x \cdot y = y$)". Sind die erhaltenen Aussagen wahr in diesem Individuenbereich?

▷▷▷ **Aufgabe 4.2.5:**
Sie kennen den Satz: „Hunde die bellen, beißen nicht". Zwei mögliche Interpretationen sind „Alle Hunde die bellen, beißen nicht" und „Kein Hund der bellt, beißt". Prüfen Sie, ob diese Interpretationen logisch gleichwertig sind. (Verwenden Sie die Ihnen bekannten Äquivalenzen der Prädikatenlogik.)

Lösung

Lösungen

4.2.1 **Lösung 4.2.1:**

a) $\forall x \forall y R(x,y) \wedge P(k_1) \wedge Q(k_1)$
$\forall x \forall y R(x,y) \wedge P(k_1) \wedge Q(k_2)$

$\forall x \forall y R(x, y) \wedge P(k_2) \wedge Q(k_1)$
$\forall x \forall y R(x, y) \wedge P(k_2) \wedge Q(k_2)$

b) $\forall x P(x, k_1) \supset Q(k_1)$
$\forall x P(x, k_1) \supset Q(k_2)$
$\forall x P(x, k_2) \supset Q(k_1)$
$\forall x P(x, k_2) \supset Q(k_2)$

Kommentar: !

Hintergrund ist die Idee, daß die Aussagefunktionen durch eine Interpretation der freien Vorkommen der Individuenvariablen zu Aussagen über Elemente des Individuenbereiches werden. Also werden die freien Vorkommen der Individuenvariablen durch alle möglichen Kombinationen der Elemente des Individuenbereiches ersetzt. Die erste Aussage unter a) behauptet nun beispielsweise, daß alle Elemente des Wertebereiches in der Relation R zueinander stehen, k_1 zusätzlich die Eigenschaft P und die Eigenschaft Q hat.

Lösung 4.2.2: 4.2.2

a) Die Formel nimmt den Wert `w` an.
Kommentar: !
Die Formel ist nimmt nur dann den Wert `w` an, wenn $P(1, x)$ für jedes Element aus dem Individuenbereich den Wert `w` annimmt. Dies ist aber gegeben: $1 \leq 1$, $1 \leq 2$, $1 \leq 3$, $1 \leq 4$, $1 \leq 5$, $1 \leq 6$, $1 \leq 7$, $1 \leq 8$, $1 \leq 9$, $1 \leq 10$.

b) Die Formel ist eine Aussagefunktion, die *erfüllbar* im Individuenbereich ist.
Kommentar: !
Wir interpretieren die Aussagefunktion durch eine Belegung der freien Variablen im gegebenen Modell, dabei nehmen die Formeln aus dem Wertebereich der Prädikatformel die Werte `w` und `f` an: Es gibt Einsetzungen für die freien Individuenvariablen, die wahre Aussagen ergeben ($1 \leq 8$), andere sind falsch ($8 \leq 1$).

c) Die Formel ist erfüllbar.

d) Die Formel nimmt den Wert `w` an.

e) Die Formel nimmt den Wert `f` an.

f) Die Formel ist wahr bei der Interpretation im Wertebereich.
Kommentar: !
$P(x, x)$ ist keine Tautologie (keine logisch wahre Aussage), da die Wahrheit der Aussagen $P(1, 1)$ usw. von der von uns gewählten Interpretation des Prädikates abhängt (für „größer als" werden solche Aussagen

falsch). Dennoch können wir von Wahrheit sprechen, da die zu überprüfenden Instanzen der wahren Aussage $\forall x P(x,x)$ genau die Elemente des Wertebereiches der Prädikatformel $P(x,x)$ sind.

g) Die Formel nimmt den Wert $\mathtt{w}$ an.

h) Die Formel nimmt den Wert $\mathtt{w}$ an.

4.2.3 **Lösung 4.2.3:**

a) Die Formel ist wahr, weil $R(x,y)$ wahr ist, wenn man $x = 2$ und $y = 1$ setzt.

b) Im (als unendlich angenommenen) Individuenbereich der Ereignisse sei $R(\ldots,\ldots)$ definiert als „... ist die Ursache von ...“. Nun gilt zwar im Rahmen verschiedener Konzeptionen, daß für jedes x eine Ursache y existiert, nicht aber, daß es eine Ursache von allen Ereignissen gibt.

c) Die Formel ist keine Tautologie, weil für $x = 0$ kein y existiert, so daß x größer als y wäre.
Mit der Relation „größer oder gleich“ ist die Formel eine Tautologie im Individuenbereich.
Im Individuenbereich der ganzen Zahlen (also auch der negativen) ist die Formel eine Tautologie.

4.2.4 **Lösung 4.2.4:**

Ja. Die beiden gesuchten Aussagen sind wahr:
$0 < 2$ und für jede Zahl aus 0 und 1 gibt es eine Zahl aus 0 und 1 so, daß das Produkt dieser Zahlen gleich dem zweiten Faktor ist.
$1 < 2$ und für jede Zahl aus 0 und 1 gibt es eine Zahl aus 0 und 1 so, daß das Produkt dieser Zahlen gleich dem zweiten Faktor ist. Das ist wahr, denn 0 bzw. 1 sind kleiner als 2 und sowohl für 0 als auch für 1 gilt, daß ihr Produkt mit 0 auch 0 ergibt.

! **Kommentar:**
Die gebildeten Aussagen sind also wahr, weil gilt:
$0 < 2$ und $0 \cdot 0 = 0$ und $1 \cdot 0 = 0$; und
$1 < 2$ und $0 \cdot 0 = 0$ und $1 \cdot 0 = 0$.

4.2.5 **Lösung 4.2.5:**

Die Interpretationen sind logisch gleichwertig. Zunächst formalisieren wir beide Interpretationen im Individuenbereich der Hunde mit den Prädikaten $P(\ldots) =$ „... bellt“ und $Q(\ldots) =$ „... beißt“.
Interpretation 1: $\forall x(P(x) \supset {\sim}Q(x))$
Interpretation 2: ${\sim}\exists x(P(x) \wedge Q(x))$

Logisch gleichwertig sind beide Interpretationen genau dann, wenn:

$$\forall x(P(x) \supset {\sim}Q(x)) \approx {\sim}\exists x(P(x) \wedge Q(x))$$

Es gilt aber wegen $(A \supset B) \approx ({\sim}A \vee B)$:

$$\forall x(P(x) \supset {\sim}Q(x)) \approx \forall x({\sim}P(x) \vee {\sim}Q(x))$$

Weiter gilt wegen $({\sim}A \vee {\sim}B) \approx {\sim}(A \wedge B)$:

$$\forall x({\sim}P(x) \vee {\sim}Q(x)) \approx \forall x\,{\sim}(P(x) \wedge Q(x))$$

Schließlich gilt wegen $\forall i\,{\sim}A \approx {\sim}\exists i A$:

$$\forall x\,{\sim}(P(x) \wedge Q(x)) \approx {\sim}\exists x(P(x) \wedge Q(x))$$

Damit ist die zu zeigende Äquivalenz bewiesen.

4.3 Die Semantik der Prädikatenlogik II: Entscheidungsverfahren

(Lösungen ab Seite 92)

Aufgabe 4.3.1: ◁◁◁

Überprüfen Sie mit Hilfe der 0-1-Methode, ob folgende Formeln Tautologien sind:

a) $\exists x P(x) \supset {\sim}\forall x P(x)$
b) $\exists x P(x) \supset {\sim}\forall x\,{\sim}P(x)$
c) $\forall x P(x) \supset \exists x P(x) \vee \exists x\,{\sim}P(x) \vee \forall x Q(x)$
d) $\forall x P(x) \wedge \exists x Q(x) \supset \exists x(P(x) \vee Q(x))$
e) $\exists x P(x) \wedge \forall x Q(x) \supset \exists x(P(x) \wedge Q(x))$
f) $\forall x P(x) \wedge \forall x(P(x) \supset Q(x)) \supset \forall x Q(x)$
g) $\forall x P(x) \wedge \exists x(P(x) \supset Q(x)) \supset \exists x Q(x)$
h) $\exists x(P(x) \supset Q(x)) \wedge \exists x(Q(x) \supset R(x)) \supset \forall x(P(x) \wedge {\sim}R(x))$
i) $\forall x(P(x) \supset Q(x)) \wedge \forall x(Q(x) \supset R(x)) \supset \exists x(P(x) \wedge {\sim}R(x))$
j) $\exists x P(x) \supset {\sim}(\forall x P(x) \wedge {\sim}\forall x P(x)) \wedge \exists x Q(x)$

Aufgabe 4.3.2: ◁◁◁

Kennzeichnen Sie die Erfüllungsmenge folgender zusammengesetzter Prädikate jeweils im geeigneten Venn–Diagramm.

a) $P(x) \vee Q(x)$
b) $P(x) \supset Q(x)$

c) $P(x) \wedge \sim Q(x)$
d) $P(x) \wedge Q(x) \vee \sim R(x)$
e) $P(x) \supset (Q(x) \equiv \sim R(x))$
f) $\sim(P(x) \wedge (((Q(x) \wedge R(x)) \vee (\sim Q(x) \wedge \sim R(x))))$

▷▷▷ **Aufgabe 4.3.3:**
Geben Sie zusammengesetzte Prädikate an, für die die folgenden Venn-Diagramme Erfüllungsmengen zeigen (In dieser Aufgabe kennzeichnen die schraffierten Flächen die Erfüllungsmengen der entsprechenden Prädikate. Die Schraffur hat also die Funktion, eine bestimmte Menge zu kennzeichnen – sagt jedoch nichts darüber aus, ob diese Bereiche des Universums leer oder nicht leer sind.):

a)

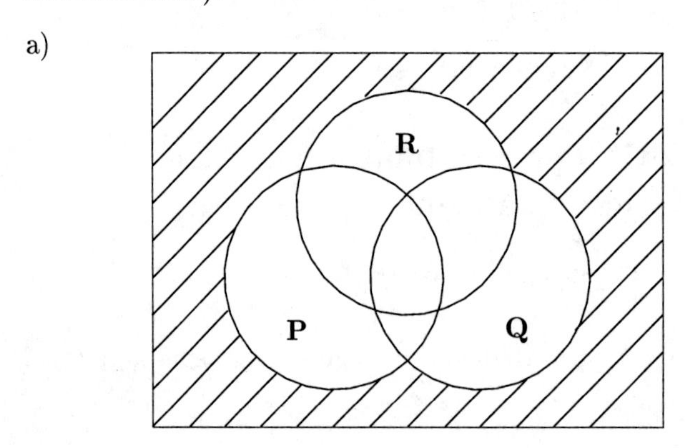

b)

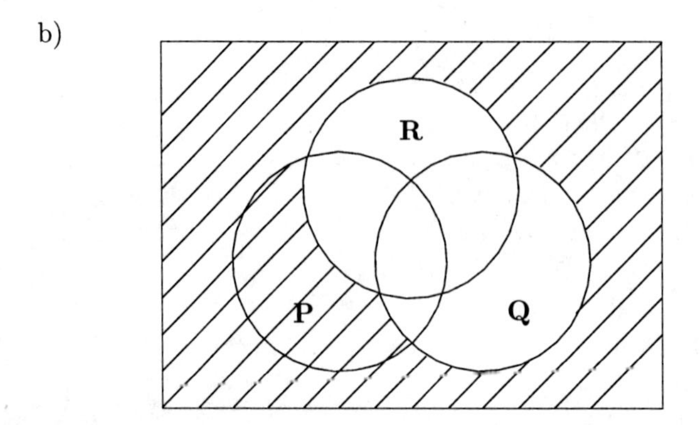

c)

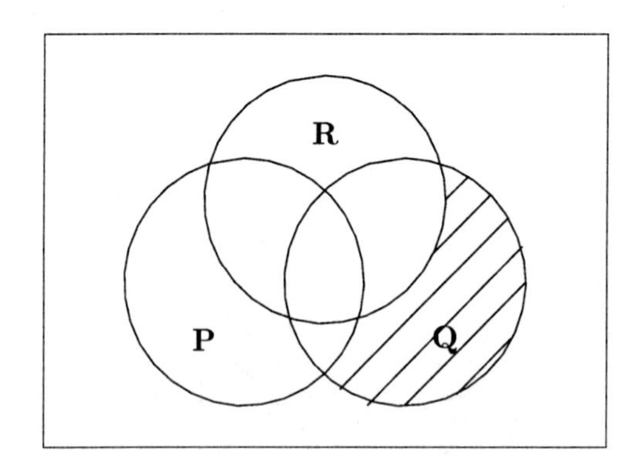

d)

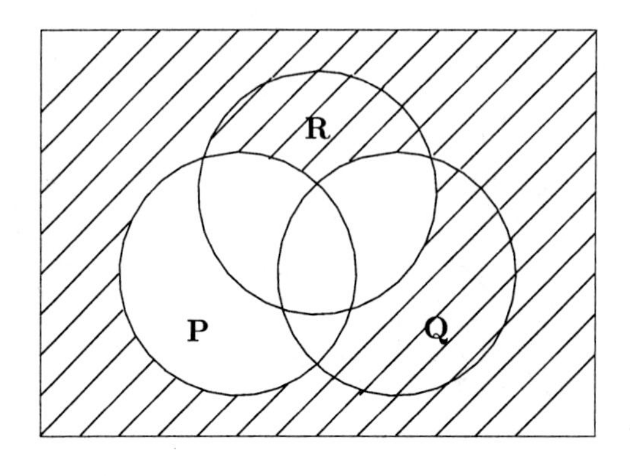

e)

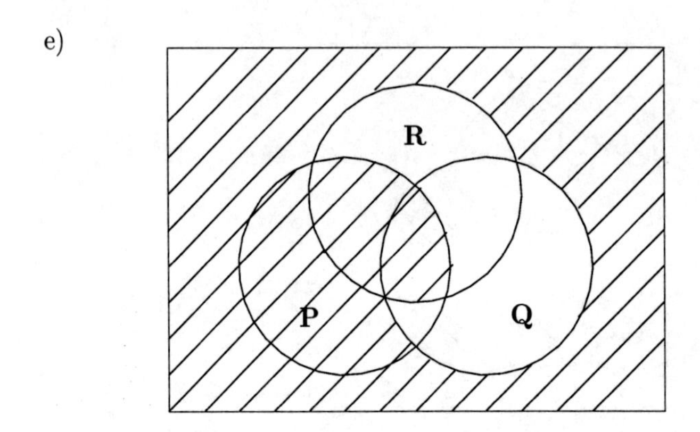

f)

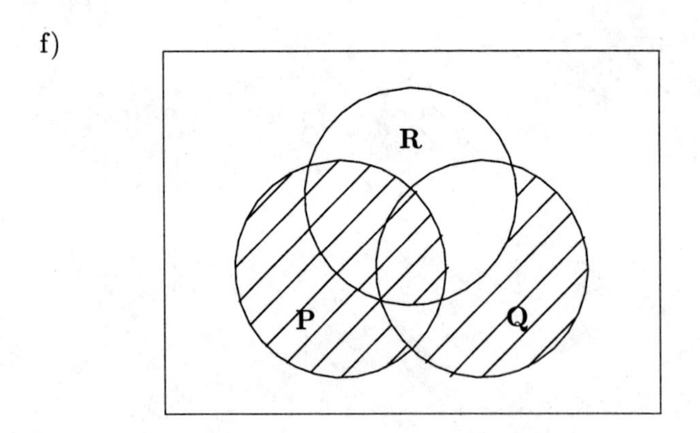

g)

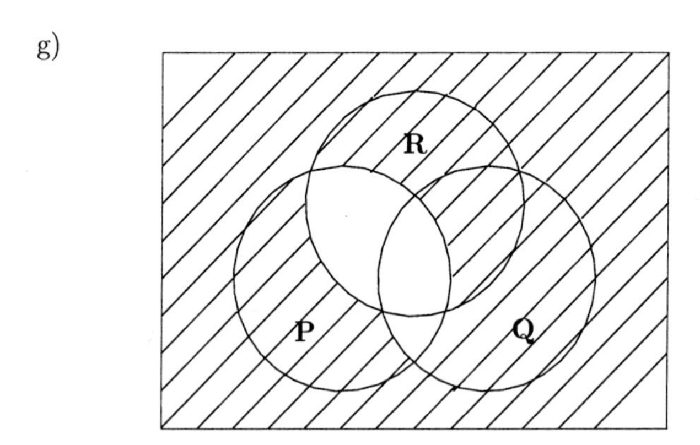

h)

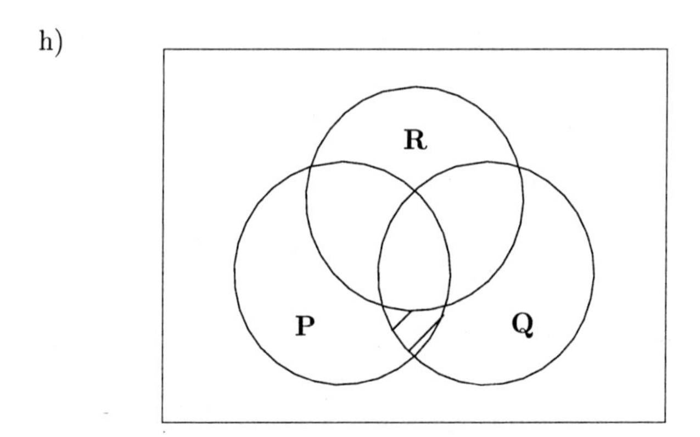

Aufgabe 4.3.4: ◁◁◁

Überprüfen Sie mit Hilfe von Venn–Diagrammen, ob folgende Formeln Tautologien sind:

a) $\forall x P(x) \supset \sim\exists x \sim P(x)$
b) $\forall x P(x) \vee \forall x \sim P(x)$
c) $\forall x(P(x) \wedge Q(x)) \supset \forall x P(x) \vee \forall x Q(x)$
d) $\forall x(P(x) \vee Q(x)) \supset \forall x P(x) \vee \forall x Q(x)$
e) $\exists x(P(x) \supset Q(x)) \supset (\exists x P(x) \supset \exists x Q(x))$
f) $\forall x(P(x) \vee Q(x)) \supset \exists x P(x) \vee \forall x Q(x)$
g) $\forall x(P(x) \vee Q(x)) \supset \forall x P(x) \wedge \forall x Q(x)$
h) $\forall x(P(x) \vee Q(x)) \supset \exists x P(x) \vee \forall x(Q(x) \vee \sim P(x))$
i) $\exists x(P(x) \vee Q(x)) \supset \exists x P(x) \wedge \exists x Q(x)$

▷▷▷ **Aufgabe 4.3.5:**

a) Betrachten Sie die Erfüllungsmengen der zusammengesetzten Prädikate $P(y) \wedge {\sim}P(y)$ und $Q(z) \vee {\sim}Q(z)$. Kommentieren Sie Ihre Beobachtung!

b) Wie viele verschiedene Venn–Diagramme mit drei Kreisen gibt es? (Anders formuliert: Wie viele verschiedene Prädikate lassen sich aus drei einfachen Prädikaten zusammensetzen?)

c) Schauen Sie sich noch einmal die Wertetabellen aus der Aussagenalgebra und die Normalformen an. Beachten Sie die Analogie zwischen Aussagenvariablen und einstelligen Prädikaten und formulieren Sie einen Zusammenhang zwischen Wertetabellen, Normalformen und Venn–Diagrammen!

▷▷▷ **Aufgabe 4.3.6:**

Überprüfen Sie mit einer Methode Ihrer Wahl, ob folgende Formeln Tautologien sind:

a) $\exists x(P(x) \wedge Q(x)) \supset \exists x P(x) \wedge \exists x Q(x)$

b) $\exists x(P(x) \vee Q(x)) \supset \forall x P(x) \wedge \exists x Q(x)$

c) $\exists x(P(x) \supset Q(x)) \supset (\forall x P(x) \supset \exists x Q(x))$

d) $\forall x(P(x) \vee {\sim}Q(x)) \supset (\exists x Q(x) \supset \exists x P(x))$

e) $\forall x P(x) \wedge \forall x(P(x) \supset Q(x)) \supset \exists x Q(x)$

f) $\exists x(P(x) \vee {\sim}Q(x)) \supset \exists x P(x) \vee {\sim}\exists x Q(x)$

g) $\forall x(P(x) \vee Q(x)) \supset \exists x P(x) \vee \forall x(Q(x) \vee {\sim}P(x))$

h) $\forall x(P(x) \vee Q(x) \vee R(x)) \supset \exists x P(x) \vee \forall x(Q(x) \vee R(x))$

i) $\exists x P(x) \wedge \exists x Q(x) \supset (\exists x(P(x) \wedge {\sim}Q(x)) \vee (\exists x({\sim}P(x) \wedge Q(x)))$

j) $\forall x(P(x) \vee Q(x) \vee R(x)) \wedge {\sim}\exists x P(x) \wedge {\sim}\exists x R(x) \supset \exists x Q(x)$

k) $\forall y(P(y) \supset Q(y)) \supset (\forall y(Q(y) \supset R(y)) \supset (\forall y P(y) \supset \exists y R(y)))$

l) $\forall x(P(x) \vee Q(x) \wedge R(x)) \supset \exists x P(x) \vee \forall x(Q(x) \wedge R(x))$

m) $\forall x(P(x) \supset Q(x)) \wedge \forall x(Q(x) \supset R(x)) \supset \forall x(P(x) \supset R(x))$

n) $(\exists x(P(x) \wedge {\sim}Q(x)) \vee (\exists x({\sim}P(x) \wedge Q(x))) \supset \exists x P(x) \wedge \exists x Q(x)$

o) $\forall x(P(x) \vee {\sim}Q(x) \vee {\sim}R(x)) \wedge {\sim}\exists x P(x) \wedge \forall x R(x) \supset \exists x {\sim}Q(x)$

Lösung

Lösungen

4.3.1 **Lösung 4.3.1:**

a) $\exists x\ P(x) \supset {\sim}\ \forall x\ P(x)$

$$\begin{array}{cccccc} & \begin{cases}0\\ \\ \underline{\underline{1}}\end{cases} & & & & \begin{cases}0\\ \\ 1\end{cases} \\ \mathtt{w} & & \mathtt{f} & \mathtt{f} & \mathtt{w} & \end{array}$$

Die Formel ist keine Tautologie.
Kommentar: !

- Nehmen wir an, die Formel sei keine Tautologie. Dann gibt es eine Belegung ihrer Teilformeln so, daß der Hauptoperator (die Subjunktion) den Wert `f` zugeschrieben bekommt. Das Antezedens muß demnach wahr, das Konsequens falsch sein und nach den semantischen Regeln für die Negation bekommt $\forall x P(x)$ den Wert `w` zugeschrieben. Damit haben alle quantifizierten Teilformeln einen Wahrheitswert zugeschrieben bekommen.
- Die vorkommenden Prädikatformeln – hier nur $P(x)$ – erhalten die Charakteristika 0 und 1 so, daß alle möglichen Kombinationen von Belegungen berücksichtigt sind. Die erste Zeile wird nun gestrichen, da wegen der Wahrheit der Allaussage im Konsequens der 0-Bereich für $P(x)$ leer ist (alle Gegenstände haben die Eigenschaft, also: es gibt keine Gegenstände im Individuenbereich, die die Eigenschaft nicht haben); in der zweiten Zeile wird die 1 unter $\exists x P(x)$ unterstrichen, weil der 1-Bereich wegen der Wahrheit dieser Aussage nicht leer sein kann (es gibt mindestens einen Gegenstand im Individuenbereich, der die Eigenschaft hat).
- Alle möglichen Streichungen und Unterstreichungen sind vorgenommen worden. Es ist kein Widerspruch aufgetreten, also gibt es Individuenbereiche und eine mögliche Belegung der Teilformeln so, daß die Formel den Wert `f` annimmt. Also ist sie tatsächlich keine Tautologie.

b) $\exists x\ P(x) \supset \sim \forall x \sim\ P(x)$

$$\begin{array}{llllllll} & & & & & & 1 & 0 \\ \texttt{w} & \begin{cases} 0 \\ \underline{\underline{1}} \end{cases} & & \texttt{f} & \texttt{f} & \texttt{w} & \begin{cases} 1 & 0 \\ \not{0} & \not{1} \end{cases} \end{array}$$

Die Formel ist eine Tautologie.
Kommentar: !

Angenommen, die Formel kann den Wert `f` annehmen. Dann bekommt die Existenzaussage den Wert `w` und die Allaussage ebenfalls den Wert `w` zugeschrieben. Die Wahrheit der Allaussage im Konsequens bezieht sich nicht auf die Charakteristik von $P(x)$, sondern auf die der Negation, deshalb wird die zweite Zeile (das Vorkommen der 0) gestrichen. Eine wahre Existenzaussage erfordert das Unterstreichen eines 1-Vorkommens, das ist aber bereits gestrichen. Dies ist ein Widerspruch: Mit dem Streichen wird ausgedrückt, daß der entsprechende Teil des Individuenbereiches *leer* ist, mit dem Unterstreichen, daß es mindestens einen Gegenstand in ihm gibt. Also ist die Annahme, daß die Formel den Wert f annehmen kann, falsch. Also nimmt sie nur den Wert w an, also ist sie eine Tautologie.

c) $\forall x\ P(x) \supset \exists x\ P(x) \vee \exists x \sim\ P(x) \vee \forall x\ Q(x)$

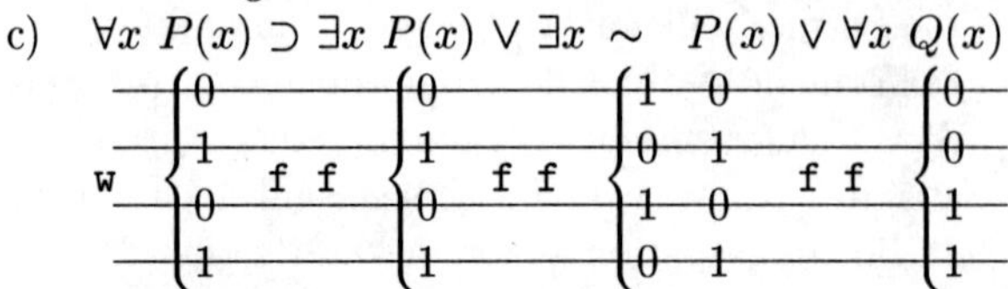

Die Formel ist eine Tautologie.

! **Kommentar:**

Wenn alle Zeilen gestrichen sind, ist der gesamte Individuenbereich leer. Dies steht im Widerspruch zu einer der Grundvoraussetzungen der klassischen Prädikatenlogik, dem nicht-leeren Individuenbereich. Daher kann die Formel nicht den Wert f annehmen und ist also eine Tautologie.

d) $\forall x\ P(x) \wedge \exists x\ Q(x) \supset \exists x\ (\ P(x) \vee\ Q(x)\ )$

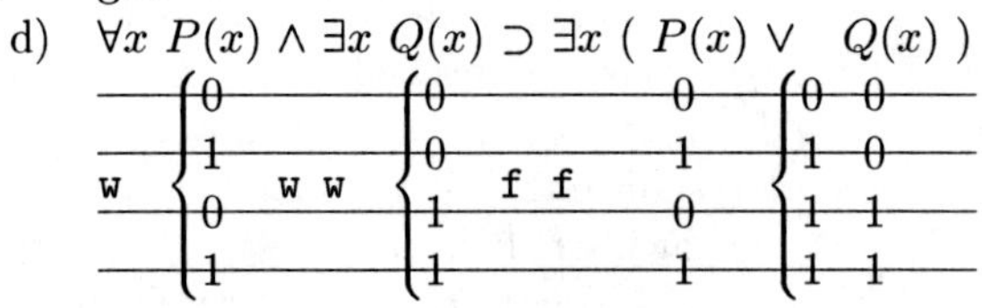

Die Formel ist eine Tautologie.

! **Kommentar:**

Im Antezedens der Formel hätte eine beliebige 1 unter $Q(x)$ unterstrichen werden müssen, um die Wahrheit der entsprechenden Existenzaussage darzustellen. Das hätte in jedem Fall zu einem Widerspruch geführt: Gestrichene Zeilen können nicht widerspruchsfrei unterstrichen werden. Die Formel ist jedoch schon deshalb eine Tautologie, weil alle Zeilen gestrichen sind.

e) $\exists x\ P(x)\ \wedge\ \forall x\ Q(x) \supset \exists x\ (\ P(x) \wedge Q(x)\ )$

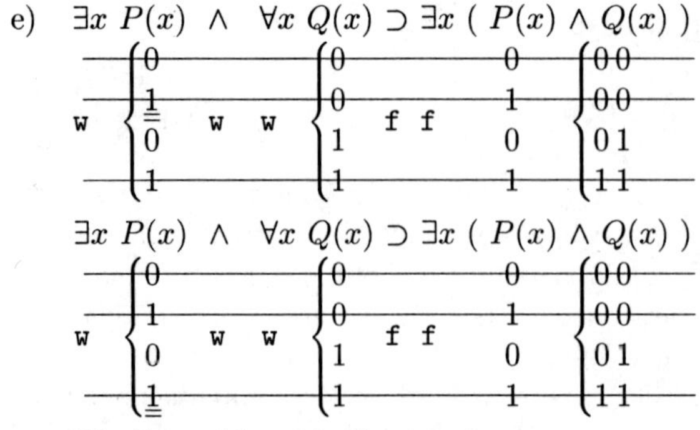

Die Formel ist eine Tautologie.

Kommentar: !

Nachdem die Streichungen vorgenommen worden sind, bleibt die Unterstreichung für das linke Konjunktionsglied des Antezedens. *Beide* mögliche Unterstreichungen einer 1-Charakteristik (in der zweiten und der vierten Zeile) führen zum Widerspruch. Daher (und nur weil beide zum Widerspruch führen) ist die Formel eine Tautologie.

f) $\forall x\ P(x) \wedge \forall x\ (\ P(x) \supset Q(x)\ ) \supset \forall x\ Q(x)$

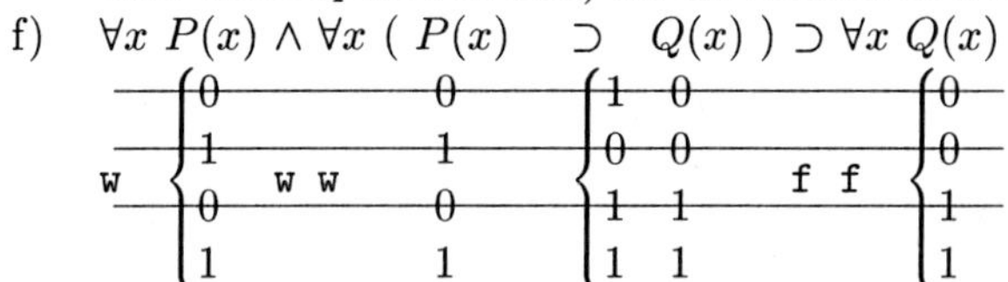

Die Formel ist eine Tautologie.

Kommentar: !

Im Konsequens muß eine der beiden 0-Charakteristika unterstrichen werden, was in beiden möglichen Fällen zum Widerspruch führt.

g) $\forall x\ P(x) \wedge \exists x\ (\ P(x) \supset Q(x)\ ) \supset \exists x\ Q(x)$

	$P(x)$		$P(x)$	$P(x)\ Q(x)$		$Q(x)$
	~~0~~		~~0~~	~~1 0~~		~~0~~
w	1	w w	1	0 0	f f	0
	~~0~~		~~0~~	~~1 1~~		~~1~~
	~~1~~		~~1~~	~~1̳ 1~~		~~1̳~~

Die Formel ist eine Tautologie.

Kommentar: !

Beide Unterstreichungen sind insofern willkürlich, als daß auch andere Vorkommen der 1 in den jeweiligen Spalten hätten gewählt werden können. Jede Wahl führt aber zu einem Widerspruch.

h) $\exists x\ (\ P(x) \supset Q(x)\ ) \wedge \exists x\ (\ Q(x) \supset R(x)\ ) \supset \forall x\ (\ P(x) \wedge {\sim}R(x)\ )$

	P	$P\ Q$		Q	$Q\ R$		P	$P\ {\sim}R$
	0	1̳ 0		0	1̳ 0		0	0̳ 1
	1	0 0		0	1 0		1	1 1
	0	1 1		1	0 0		0	0 1
	1	1 1		1	0 0		1	1 1
w	0	1 0	w w	0	1 1	f f	0	0 0
	1	0 0		0	1 1		1	0 0
	0	1 1		1	1 1		0	0 0
	1	1 1		1	1 1		1	0 0

Die Formel ist keine Tautologie.

Kommentar: !

Eine Formel, in deren Charakteristika nichts gestrichen werden muß, kann offenbar keine Tautologie sein.

i) $\forall x\ (\ P(x) \supset Q(x)\ ) \wedge \forall x\ (\ Q(x) \supset R(x)\ ) \supset \exists x\ (\ P(x) \wedge \ {\sim}R(x)\ )$

	$P(x)$	$P(x) \supset Q(x)$		$Q(x) \supset R(x)$		$P(x) \wedge {\sim}R(x)$
	0	1 1		1 0		0 1
	~~1~~	~~0 1~~		~~1 0~~		~~1 1~~
	~~0~~	~~1 0~~		~~0 0~~		~~0 1~~
	~~1~~	~~1 0~~		~~0 0~~		~~1 1~~
w	0	1 1	w w	1 1	f f	0 0
	~~1~~	~~0 1~~		~~1 1~~		~~0 0~~
	0	1 0		1 1		0 0
	1	1 0		1 1		0 0

Die Formel ist keine Tautologie.

j) $\exists x\ P(x) \supset \sim (\ \forall x\ P(x) \wedge \sim \forall x\ P(x)\ ) \wedge \exists x\ Q(x)$

`w       f f  w       w w  f       f`

$\exists x\ P(x) \supset \sim (\ \forall x\ P(x) \wedge \sim \forall x\ P(x)\ ) \wedge \exists x\ Q(x)$

$P(x)$		$P(x)$		$P(x)$		$Q(x)$
0		0		0		0
1		1		1		0
~~0~~		~~0~~		~~0~~		~~1~~
~~1~~		~~1~~		~~1~~		~~1~~

Werte: w { … } f w f { … } f w f { … } f f { … }

$\exists x\ P(x) \supset \sim (\ \forall x\ P(x) \wedge \sim \forall x\ P(x)\ ) \wedge \exists x\ Q(x)$

$P(x)$		$P(x)$		$P(x)$		$Q(x)$
~~0~~		~~0~~		~~0~~		~~0~~
1		1		1		0
~~0~~		~~0~~		~~0~~		~~1~~
~~1~~		~~1~~		~~1~~		~~1~~

Werte: w { … } f w w { … } f f w { … } f f { … }

Die Formel ist keine Tautologie.

! **Kommentar:**

Es müssen drei Fälle berücksichtigt werden, die alle drei zum Widerspruch geführt werden können müssen, falls die Formel eine Tautologie ist.

1. Damit das Konsequens, eine Konjunktion, falsch wird, reicht die Falschheit des linken Konjunktionsgliedes – der Negation – aus. Unabhängig vom Wahrheitswert des rechten Konjunktionsgliedes $\exists x Q(x)$ besteht ein Widerspruch. Also ist die Negation wahr und das andere Konjunktionsglied muß falsch sein.
2. Wegen des Wahrheitswertes `f` unter $\exists x Q(x)$ werden die letzten beiden Zeilen gestrichen. Die negierte Formel, eine Konjunktion, kann den Wert `f` annehmen, weil $\forall x P(x)$ den Wert `f` annimmt. Nachdem alle Unterstreichungen vorgenommen worden sind, ergibt sich kein Widerspruch. Die Formel ist keine Tautologie und der Nachweis dafür ist hier bereits erbracht. Der Vollständigkeit halber wird die dritte, verbleibende Möglichkeit ebenfalls aufgeführt:

3. Wegen des Wahrheitswertes f unter $\exists x Q(x)$ werden die letzten beiden Zeilen gestrichen. Die negierte Formel, eine Konjunktion, nimmt den Wert f an, weil $\sim\forall x P(x)$ den Wert f annimmt. Nachdem alle Streichungen und Unterstreichungen vorgenommen worden sind, ergibt sich kein Widerspruch. Die Formel ist keine Tautologie.

Lösung 4.3.2: 4.3.2

In dieser Aufgabe kennzeichnen die schraffierten Flächen die Erfüllungsmengen der entsprechenden Prädikate. Die Schraffur hat also die Funktion, eine bestimmte Menge zu kennzeichnen – sagt jedoch nichts darüber aus, ob diese Bereiche des Universums leer oder nicht leer sind.

a)

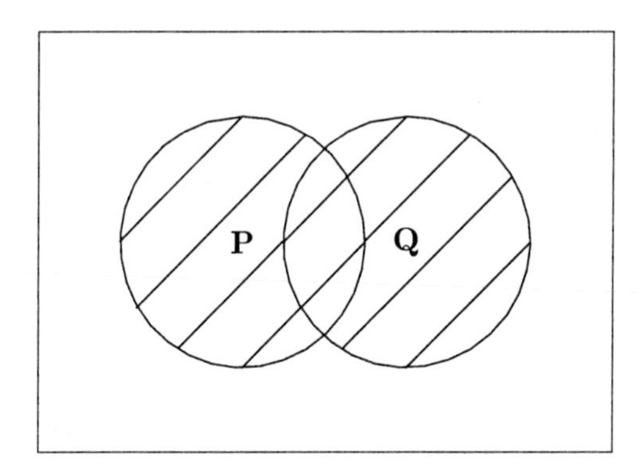

b)

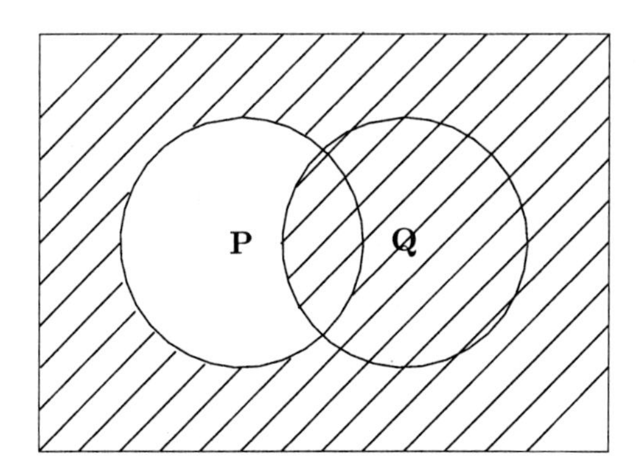

c)

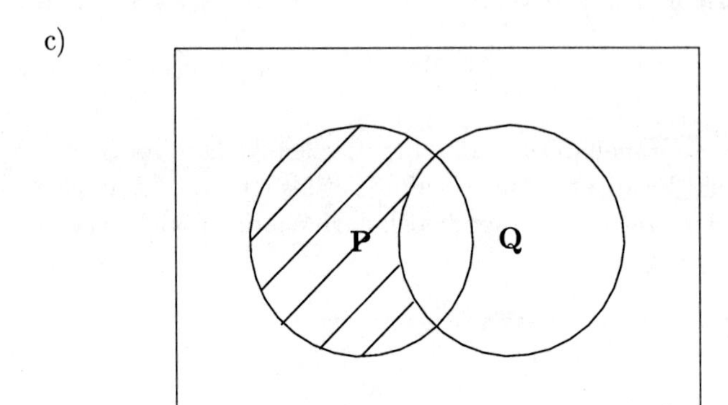

d)

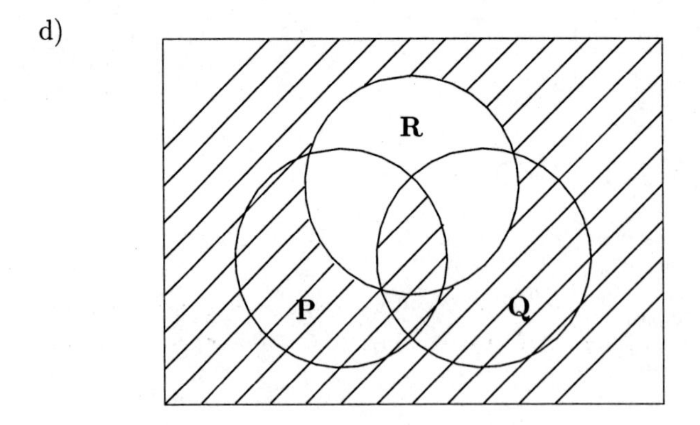

e) Zunächst wird die Erfüllungsmenge des Hinterglieds der Subjunktion gekennzeichnet:

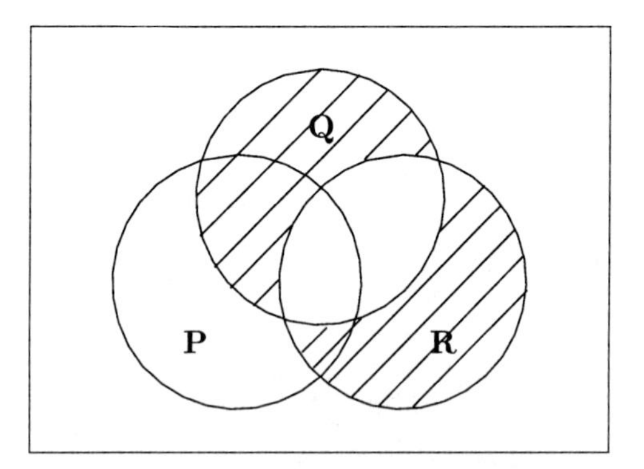

Die Erfüllungsmenge der Negation des Vorderglieds der Subjunktion wird folgendermaßen gekennzeichnet:

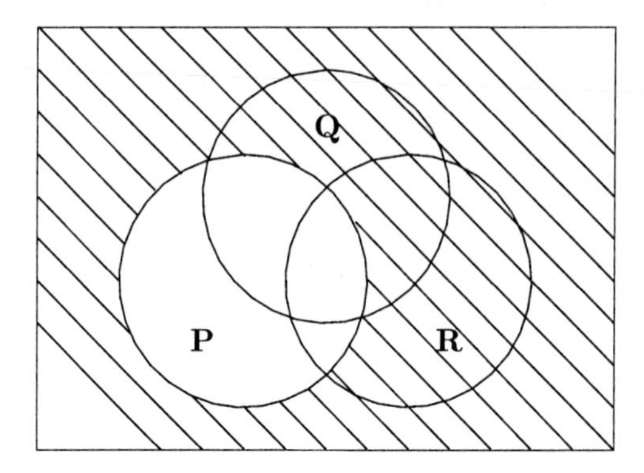

Die Subjunktion bezieht sich auf eine Erfüllungsmenge, die die Vereinigung der Erfüllungsmengen des Hintergliedes und der Negation des Vordergliedes ist (wegen $A \supset B \approx {\sim}A \vee B$):

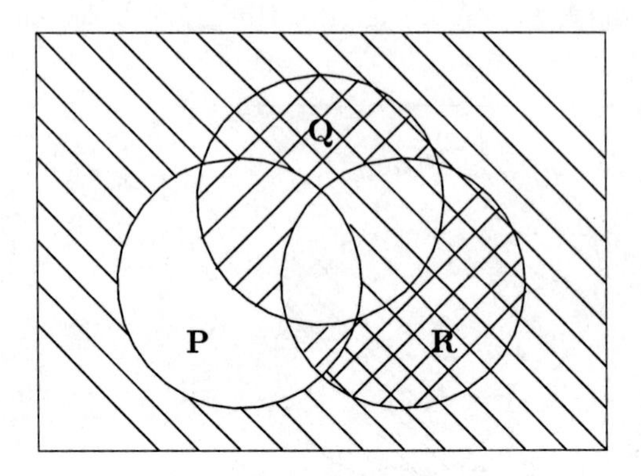

f)

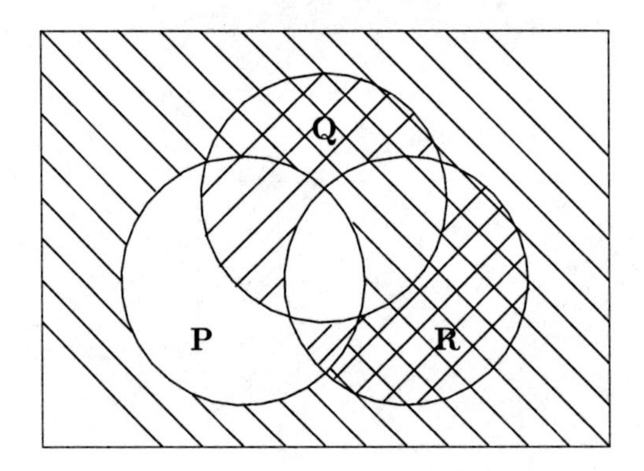

! **Kommentar:**
An den letzten beiden Aufgaben ist zu erkennen, daß – wie auch zu erwarten ist – Prädikate, die durch äquivalente logische Umformungen auseinander entstehen, die gleichen Erfüllungsmengen haben.

4.3.3 Lösung 4.3.3:

a) $\sim P(x) \wedge \sim Q(x) \wedge \sim R(x)$
b) $\sim Q(x) \wedge \sim R(x)$
c) $Q(x) \wedge \sim R(x) \wedge \sim P(x)$
d) $\sim P(x) \wedge \sim Q(x) \wedge \sim R(x) \vee Q(x) \wedge \sim R(x) \wedge \sim P(x) \vee R(x) \wedge \sim Q(x) \wedge \sim P(x)$ oder einfacher $\sim (P(x) \vee Q(x) \wedge R(x))$
e) $\sim P(x) \wedge \sim Q(x) \wedge \sim R(x) \vee P(x) \wedge R(x) \vee P(x) \wedge \sim Q(x) \wedge \sim R(x)$ oder einfacher $\sim R(x) \wedge \sim Q(x) \vee R(x) \wedge P(x)$

f) $P(x) \wedge R(x) \vee P(x) \wedge \sim Q(x) \wedge \sim R(x) \vee Q(x) \wedge \sim R(x) \wedge \sim P(x)$
g) $\sim(P(x) \wedge R(x) \vee P(x) \wedge Q(x))$ bzw. äquivalent $\sim(P(x) \wedge (Q(x) \vee R(x))$
h) $P(x) \wedge Q(x) \wedge \sim R(x)$

Kommentar: !
In allen Fällen gibt es weitere äquivalente Lösungen.

Lösung 4.3.4: 4.3.4

Von dieser Stelle an ändert sich die Funktion der Schraffur: Schraffierte Flächen zeigen an, daß die entsprechenden Bereiche des Universums *leer* sind. Mit Kreuzen wird das Vorhandensein von (mindestens) einem Element im entsprechenden Bereich des Universums gekennzeichnet.

a) Tautologie
$\forall x P(x) \supset \sim\exists x \sim P(x)$
`w` `f f w`

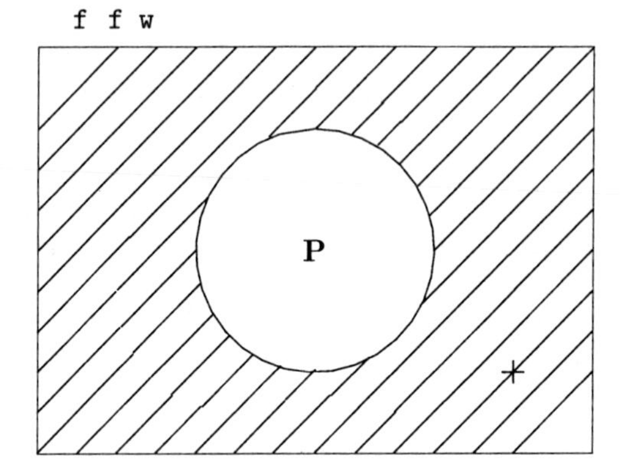

Kommentar: !
Nehmen wir an, die Formel wäre keine Tautologie. Dann würde es einen Wertebereich so geben, daß die Formel den Wert `f` annimmt. Nach aussagenlogischen Regeln müssen für diesen Wertebereich die Formeln $\forall x P(x)$ und $\exists x \sim P(x)$ beide den Wert `w` annehmen. Das heißt, daß die Erfüllungsmenge von $\sim P$ (alles, was außerhalb von P liegt) sowohl leer (schraffiert) als auch nichtleer (mit einem Kreuz versehen) ist – dies ist ein Widerspruch. Also gibt es keinen Wertebereich, für den die Formel den Wert `f` annimmt, also ist sie eine Tautologie.

b) Keine Tautologie
$\forall x P(x) \vee \forall x \sim P(x)$
`f` `f f`

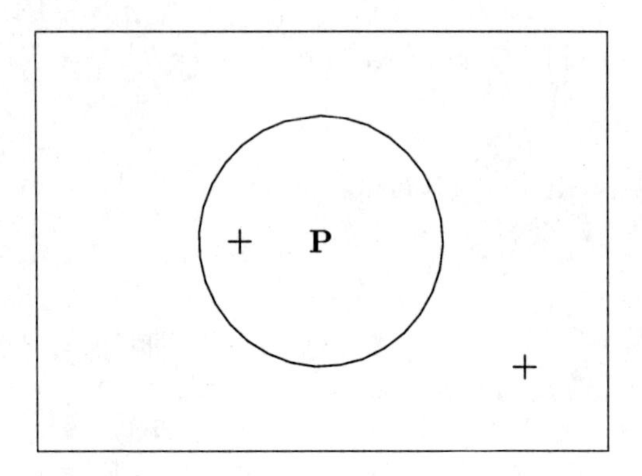

! **Kommentar:**
Es ist ein Wertebereich möglich, für den die Formel den Wert `f` annimmt: Im Wertebereich müssen mindestens zwei Gegenstände vorhanden sein, von denen einer die Eigenschaft P hat und der andere nicht. Dann sind beide Allaussagen falsch und die Formel ebenfalls. Auf der Grundlage dieser Überlegung läßt sich leicht ein die Allgemeingültigkeit widerlegendes Beispiel aus der natürlichen Sprache finden und auch ein Wertebereich konstruieren, für den die Formel allgemeingültig ist: In einem Wertebereich mit nur einem Element ist sie eine Tautologie.

c) Tautologie
$\forall x(P(x) \land Q(x)) \supset \forall x P(x) \lor \forall x Q(x)$
`w` `f f` `f f`

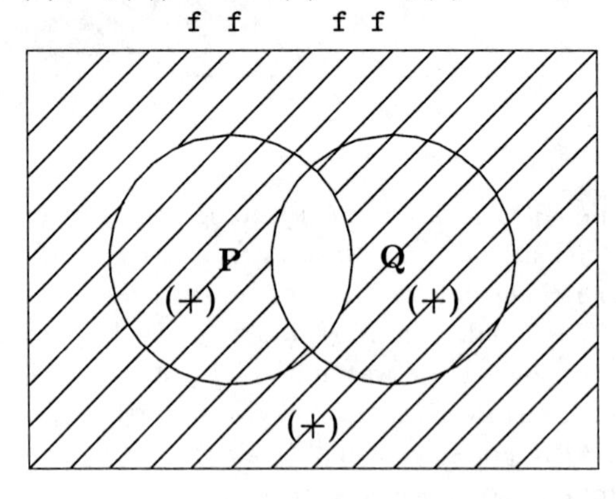

! **Kommentar:**
Nehmen wir an, die Formel wäre keine Tautologie. Dann muß die erste

Allaussage den Wert `w` und die beiden anderen müssen den Wert `f` annehmen. Wegen der Wahrheit der ersten Allaussage wird der gesamte Wertebereich bis auf die Schnittmenge der beiden Prädikate schraffiert. Die falschen Allaussagen verlangen Elemente außerhalb des Erfüllungsbereiches von P beziehungsweise von Q. Dies läßt sich durch Kreuzen von Q und „außerhalb von (P oder Q)“, von P und „außerhalb von (P oder Q)“, von P und von Q oder von „außerhalb von (P oder Q)“ allein symbolisieren (wir haben deshalb die Kreuze geklammert). Alle diese Bereiche sind jedoch schraffiert, dies führt zu einem Widerspruch.

d) Keine Tautologie

$\forall x(P(x) \vee Q(x)) \supset \forall x P(x) \vee \forall x Q(x)$

`w f f f f`

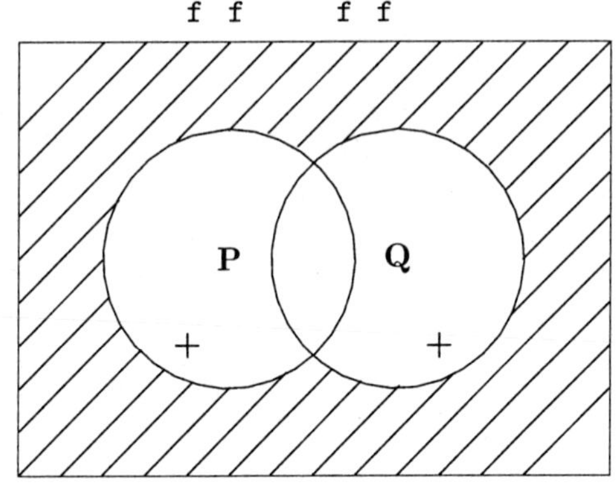

e) Keine Tautologie

$\exists x(P(x) \supset Q(x)) \supset (\exists x P(x) \supset \exists x Q(x))$

`w f w f f`

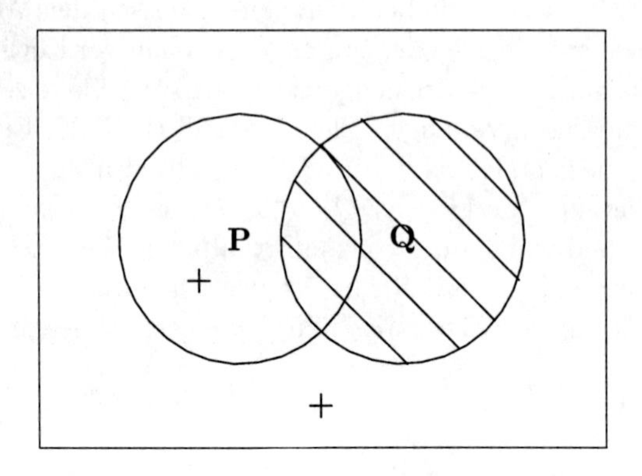

f) Tautologie

$\forall x(P(x) \vee Q(x)) \supset \exists x P(x) \vee \forall x Q(x)$

`w                f f      f f`

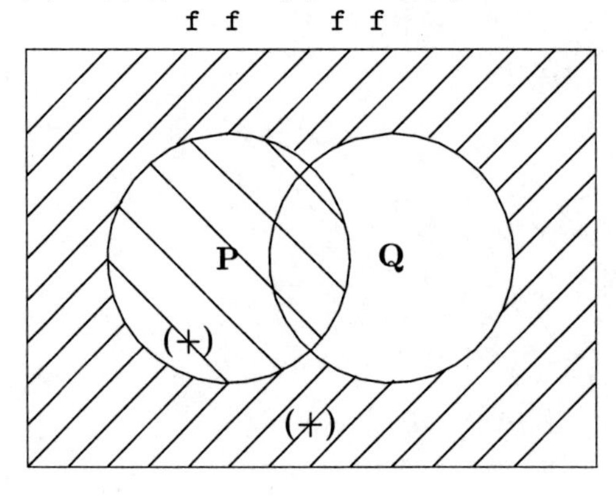

g) Keine Tautologie

$\forall x(P(x) \vee Q(x)) \supset \forall x P(x) \wedge \forall x Q(x)$

```
w                f         f
                   f         f      (1)
                   f         w      (2)
                   w         f      (3)
```

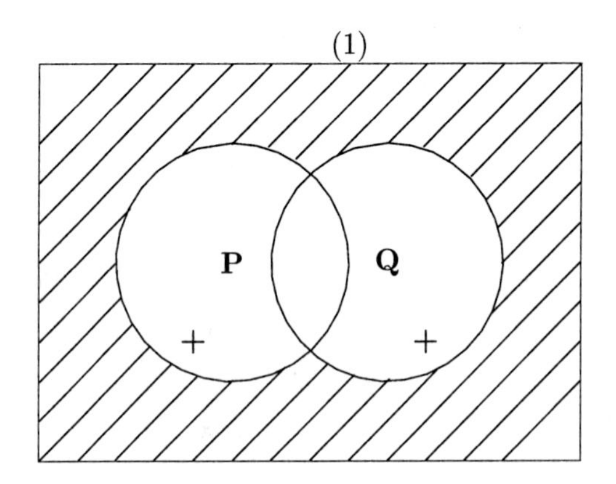
(1)
P
Q
+
+

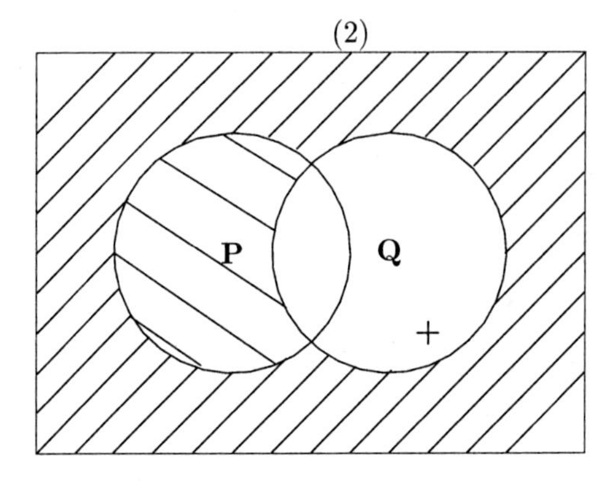
(2)
P
Q
+

(3)

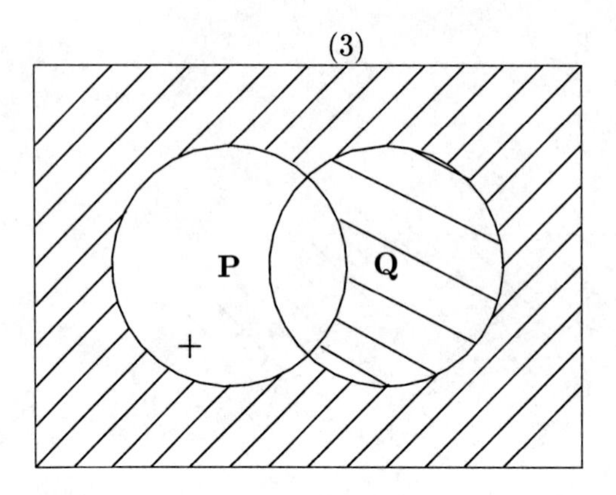

! **Kommentar:**

Unter der Voraussetzung, daß das Hinterglied der Formel den Wert `f` annimmt, gibt es drei mögliche Kombinationen von Werten für die allquantifizierten Prädikatformeln in der Konjunktion. Diese sind in den Diagrammen (1), (2) und (3) dargestellt, in keinem Falle ergibt sich ein Widerspruch. Die Überprüfung hätte bereits nach Vorliegen des ersten widerspruchsfreien Diagramms abgebrochen werden können.

h) Tautologie

$\forall x(P(x) \vee Q(x)) \supset \exists x P(x) \vee \forall x(Q(x) \vee \sim P(x))$

`w` `f` `f` `f` `f`

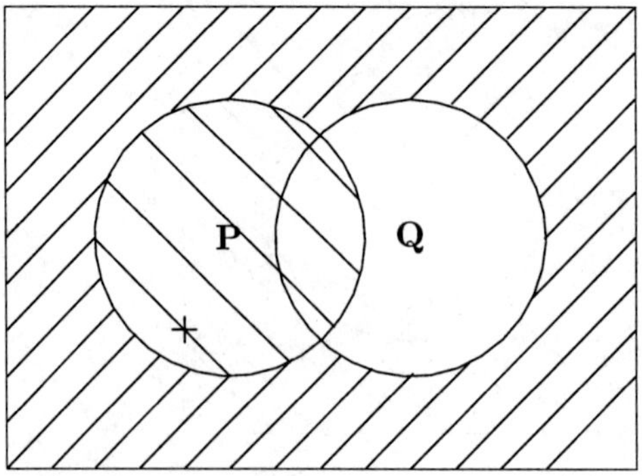

i) Keine Tautologie

$$\exists x(P(x) \vee Q(x)) \supset \exists x P(x) \wedge \exists x Q(x)$$

$\exists x(P(x) \vee Q(x))$	$\supset$	$\exists x P(x)$	$\wedge$	$\exists x Q(x)$	
w	f		f		
		f		f	(1)
		w		f	(2)
		f		w	(3)

(1)

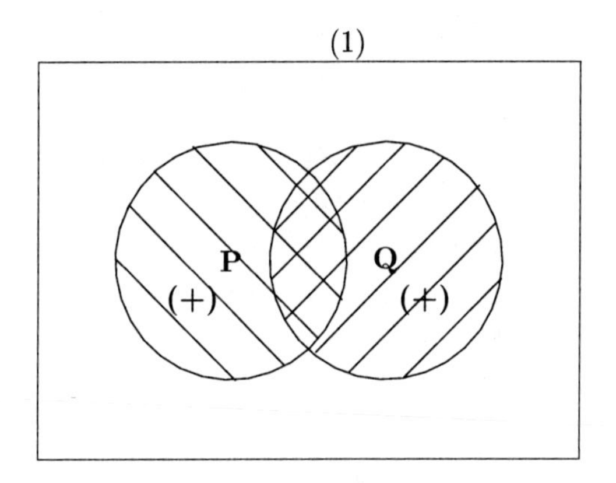

(2)

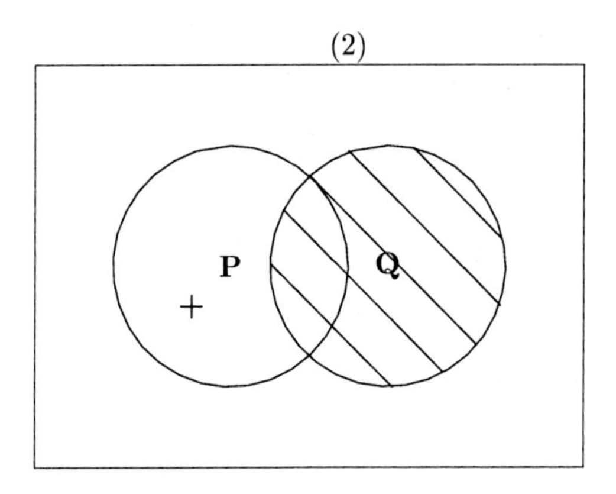

(3)

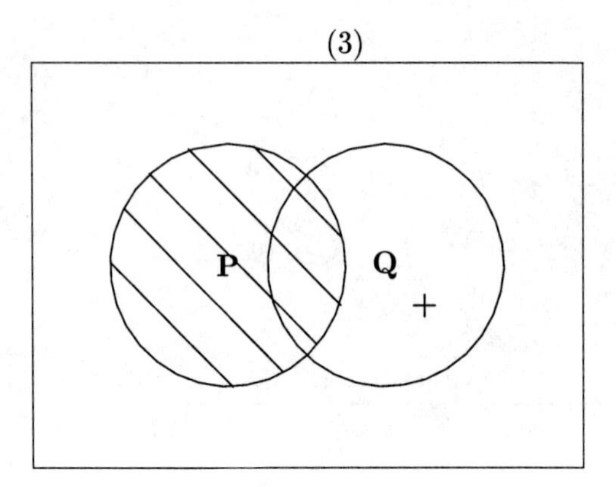

! **Kommentar:**

Die Konjunktion im Hinterglied der Formel kann auf dreierlei Weise falsch werden, die möglichen Fälle sind in den Diagrammen dargestellt. Im ersten Fall ergibt sich ein Widerspruch: Die wahre Existenzaussage im Vorderglied verlangt ein Kreuz innerhalb von P oder von Q, diese sind aber beide vollständig schraffiert. Das ist durch die geklammerten – also alternativen – Kreuze dargestellt. Es ist nicht korrekt, an dieser Stelle das Entscheidungsverfahren abzubrechen und darauf zu schließen, daß die Formel eine Tautologie ist. Es handelt sich um ein indirektes Beweisverfahren und es sind also *alle* Möglichkeiten zu prüfen, die sich aus dem hypothetischen Falschsetzen der Formel ergeben. Tatsächlich führen die beiden anderen Fälle nicht zum Widerspruch, die Formel ist also keine Tautologie. Die Kreuze verweisen lediglich auf ein Element in der Erfüllungsmenge, welches beiden wahren Existenzaussagen genügt. Selbstverständlich können in den entsprechenden Bereichen des Universums mehrere Gegenstände vorkommen.

4.3.5 **Lösung 4.3.5:**

a) Das erste Prädikat hat keine Erfüllungsmenge beziehungsweise – je nach gewählter Definition – seine Erfüllungsmenge ist leer. Das zweite Prädikat hat den gesamten Wertebereich, das ganze Universum zur Erfüllungsmenge. Dies gilt unabhängig von den konkreten Prädikaten P und Q, bezüglich der Erfüllungsmengen sind alle so zusammengesetzten Prädikate untereinander gleich. Solche Prädikate spielen intuitiv eine besondere Rolle, weil sie die gefühlsmäßig bei allen Prädikaten erwartete Funktion nicht erfüllen, den Gegenstandsbereich in zwei Bereiche zu unterteilen – wobei der erste die Gegenstände enthält, die die entsprechende Eigenschaft haben, der zweite aus den Gegenständen besteht, auf die diese Eigenschaft nicht zutrifft.

b) 256

Kommentar: !

Ein Wertebereich wird durch n Prädikate in 2^n verschiedene Flächen aufgeteilt (für ein Prädikat ist das offensichtlich, gilt das für n Prädikate so kann ein Prädikat dadurch hinzugefügt werden, daß jede der 2^n Flächen in jeweils eine mit zutreffendem und eine mit nicht zutreffendem neuen Prädikat geteilt wird – damit werden es $2 \cdot 2^n = 2^{n+1}$ Flächen). Ein zusammengesetztes Prädikat entsteht durch die Zuschreibung des Wertes *erfüllt/nicht erfüllt* zu den verschiedenen Flächen in beliebiger Kombination, damit gibt es 2^{2^n} unterschiedliche Prädikate einschließlich des kontradiktorischen und des tautologischen (vgl. a)).

c) Jede Zeile in der Wertetabelle steht für einen Erfüllungsbereich im Venn–Diagramm, wobei die Aussagenvariablen den Prädikatformeln entsprechen und die Aussagenvariable genau dann den Wert `w` hat, wenn die Erfüllungsmenge des Prädikats gemeint ist, und genau dann den Wert `f` hat, wenn deren Komplementmenge gemeint ist. Die Anzahl der bildbaren verschiedenen zusammengesetzten Prädikate aus n Grundprädikaten entspricht damit der Anzahl der möglichen verschiedenen aussagenlogischen Funktionen mit n Argumenten (Aussagenvariablen). Aus den Wertetabellen lassen sich konjunktive und adjunktive Normalformen der entsprechenden Formel direkt ablesen (beachten Sie aber die Sonderfälle Tautologie und Kontradiktion). Es sei i die Zeilennummer in einer gegebenen Wertetabelle mit n Aussagenvariablen $a_1, \ldots, a_n$ und $\hat{a}^i_j$ sei a_j, wenn a_j in der Zeile i den Wert `w` zugeschrieben wurde, ansonsten $\sim a_j$. Mit dem zusätzlichen Index `w` (`f`) werden alle Belegungen (Zeilen) gekennzeichnet, bei denen die Formel den entsprechenden Wert annimmt. Dann ist $(\hat{a}_1^{i\mathtt{w}} \wedge \ldots \wedge \hat{a}_n^{i\mathtt{w}}) \vee \ldots \vee (\hat{a}_1^{k\mathtt{w}} \wedge \ldots \wedge \hat{a}_n^{k\mathtt{w}})$ (für *alle* $i, k, \ldots$ für die die Formel den Wert `w` annimmt) eine adjunktive Normalform und $(\hat{a}_1^{i\mathtt{f}} \vee \ldots \vee \hat{a}_n^{i\mathtt{f}}) \wedge \ldots \wedge (\hat{a}_1^{k\mathtt{f}} \vee \ldots \vee \hat{a}_n^{k\mathtt{f}})$ (für *alle* $i, k, \ldots$ für die die Formel den Wert `f` annimmt) eine konjunktive Normalform.

Die adjunktive Normalform läßt sich leicht in ein Venn–Diagramm übertragen, indem die Adjunktionsglieder als Schnittmengen der entsprechenden Erfüllungsmengen betrachtet und nacheinander gekennzeichnet werden. Die gesamte gekennzeichnete Fläche entspricht dann dem durch die Normalform ausgedrückten komplexen Prädikat. Umgekehrt läßt sich auf diese Weise auch eine adjunktive Normalform direkt aus dem Venn–Diagramm ablesen.

4.3.6 **Lösung 4.3.6:**

a) Tautologie
b) Keine Tautologie
c) Tautologie
d) Tautologie
e) Tautologie
f) Keine Tautologie
g) Tautologie
h) Tautologie
i) Keine Tautologie
j) Tautologie
k) Tautologie
l) Tautologie
m) Tautologie
n) Keine Tautologie
o) Tautologie

4.4 Richtig oder falsch?

(Lösungen ab Seite 170)

▷▷▷ **Aufgabe 4.4.1:**

a) Alle aussagenlogischen Tautologien sind, soweit sie prädikatenlogische Formeln sind, prädikatenlogische Tautologien.
b) Eine Formel, die in einem Wertebereich mit genau einem Element für jede Interpretation den Wert w annimmt, muß auch in einem Wertebereich mit unendlich vielen Elementen für jede Interpretation den Wert w annehmen.
c) Da die Prädikatenlogik nicht entscheidbar ist, kann man für keine Formel genau wissen, ob sie eine Tautologie ist oder nicht.

Kapitel 5

Natürliches Schließen in der Prädikatenlogik

5.1 Prädikatenlogik ohne Identität

(Lösungen ab Seite 112)

Zu den auf Seite 55 angegebenen Schlußregeln verwenden wir zusätzlich die folgenden Regeln zur Einführung und Beseitigung der Quantoren:

$\dfrac{\forall i A}{A(i\ /\ j)}$	(j ist eine beliebige Individuenvariable oder Individuenkonstante)
$\dfrac{A}{\forall i A}$	(i ist eine Individuenvariable, die nicht frei in den Annahmeformeln vorkommen darf)
$\dfrac{A(i\ /\ j)}{\exists i A}$	(j ist eine beliebige Individuenvariable oder Individuenkonstante)
$\dfrac{\exists i A}{A(i\ /\ k_{j_1 \ldots j_n})}$	(k ist eine bisher im Beweis nicht verwendete Individuenkonstante, die Indizes sind alle von i verschiedenen freien Individuenvariablen aus A – sie werden als freie Variablen betrachtet, die nicht durch den Allquantor gebunden werden dürfen)

Das Symbol $A(i/j)$ stellt die Formel dar, die man erhält, wenn man in A die Individuenvariable i an allen Stellen durch den Ausdruck j ersetzt, an denen i frei vorkommt. Dabei darf j keine freie Variable erhalten, die sich nach der Ersetzung im Wirkungsbereich eines Quantors befindet, der sie bindet.
In den Beweisen wird mit den Abkürzungen für **B**eseitigung beziehungsweise **E**inführung und dem Zeichen des entsprechenden Quantors auf diese Regeln Bezug genommen.

▷▷▷ **Aufgabe 5.1.1:**
Beweisen Sie folgende Theoreme im System des natürlichen Schließens:

a) $\forall x(P(x) \supset Q(x)) \supset (\forall x P(x) \supset \forall x Q(x))$
b) $\exists x P(x) \supset \sim \forall x \sim P(x)$
c) $\forall x(P(x) \equiv Q(x)) \supset \forall x(P(x) \supset Q(x))$
d) $\forall x P(x) \wedge \exists x Q(x) \supset \exists x(P(x) \vee Q(x))$
e) $\exists x \forall y R(x,y) \supset \forall y \exists x R(x,y)$
f) $\forall x(P(x) \supset Q(x)) \supset (\sim\exists x Q(x) \supset \sim\exists x P(x))$
g) $\sim\forall x P(x) \supset \exists x \sim P(x)$
h) $\sim\forall x \sim P(x) \supset \exists x P(x)$
i) $\forall x \forall y(R(x,y) \vee R(y,x)) \supset \forall x R(x,x)$
j) $\forall x(P(x) \supset Q(x)) \supset (\exists x P(x) \supset \exists x Q(x))$
k) $\forall x \exists z P(x,z) \wedge \forall x \exists z Q(x,z) \supset \forall x \exists z(P(x,z) \vee Q(x,z))$
l) $\exists x(P(x) \vee Q(x)) \supset \sim\forall x \sim P(x) \vee \exists x Q(x)$
m) $\exists x \sim R(x,x) \supset \exists x \exists y \sim R(x,y) \wedge \exists x \exists y \sim R(y,x)$

Lösung

Lösungen

5.1.1 **Lösung 5.1.1:**

a)			
	1.	$\forall x(P(x) \supset Q(x))$	A.d.B.
	2.	$\forall x P(x)$	A.d.B.
	3.	$P(x) \supset Q(x)$	B$\forall$ 1
	4.	$P(x)$	B$\forall$ 2
	5.	$Q(x)$	AR 3, 4
	6.	$\forall x Q(x)$	E$\forall$ 5

b)

1.	$\exists x P(x)$	A.d.B.
2.	$\forall x \sim P(x)$	A.d.i.B.
3.	$P(a)$	B$\exists$ 1
4.	$\sim P(a)$	B$\forall$ 2

Wdspr. 3, 4

Kommentar: !

Wie es schon in der Aussagenlogik üblich war, so wurde auch hier bei der Annahme des indirekten Beweises die doppelte Negation weggelassen.

Beachten Sie die Reihenfolge, in der die Quantoren beseitigt worden sind. Vorzeitiges Beseitigen des Allquantors in 2. verhindert die Möglichkeit, den Existenzquantor in 1. auf dieselbe Konstante zu beseitigen. Ein Widerspruch ergibt sich dann nicht.

c)

1.	$\forall x(P(x) \equiv Q(x))$	A.d.B.
2.	$P(x) \equiv Q(x)$	B$\forall$ 1
3.	$P(x) \supset Q(x)$	BB 2
4.	$\forall x(P(x) \supset Q(x))$	E$\forall$ 3

d)

1.	$\forall x P(x) \wedge \exists x Q(x)$	A.d.B.
2.	$\forall x P(x)$	BK 1
3.	$P(x)$	B$\forall$ 2
4.	$P(x) \vee Q(x)$	EA 3
5.	$\exists x(P(x) \vee Q(x))$	E$\exists$ 4

e)

1.	$\exists x \forall y R(x, y)$	A.d.B.
2.	$\forall y R(a, y)$	B$\exists$ 1
3.	$R(a, y)$	B$\forall$ 2
4.	$\exists x R(x, y)$	E$\exists$ 3
5.	$\forall y \exists x R(x, y)$	E$\forall$ 4

f)	1.	$\forall x(P(x) \supset Q(x))$	A.d.B.
	2.	$\sim\exists x Q(x)$	A.d.B.
	3.	$\exists x P(x)$	A.d.i.B.
	4.	$P(a)$	B∀ 3
	5.	$P(a) \supset Q(a)$	B∀ 1
	6.	$Q(a)$	AR 4, 5
	7.	$\exists x Q(x)$	E∃ 6

Wdspr. 2, 7

g)	1.	$\sim\forall x P(x)$	A.d.B.
	2.	$\sim\exists x \sim P(x)$	A.d.i.B.
	2.1.	$\sim P(x)$	z.A.
	2.2.	$\exists x \sim P(x)$	E∃ 2.1
	3.	$\sim P(x) \supset \exists x \sim P(x)$	RI 2.1 ⊃ 2.2
	4.	$\sim\sim P(x)$	Th. 2, 3
	5.	$P(x)$	Th. 4
	6.	$\forall x P(x)$	E∀ 5

Wdspr. 1, 6

! **Kommentar:**

Das in Zeile 4 verwendete Theorem ist $(A \supset B) \supset (\sim B \supset \sim A)$, in Zeile fünf wurde die doppelte Negation beseitigt. Beide Theoreme wurden in Aufgabe 3.2.1 in diesem Buch bewiesen.

h)	1.	$\sim\forall x \sim P(x)$	A.d.B.
	2.	$\exists x \sim\sim P(x)$	Th. 1
	3.	$\sim\sim P(a)$	B∃ 2
	4.	$P(a)$	Th. 3
	5.	$\exists x P(x)$	E∃

! **Kommentar:**

Das in Zeile 2 verwendete Theorem wurde unter g) bewiesen.

i)	1.	$\forall x \forall y(R(x,y) \vee R(y,x))$	A.d.B.
	2.	$\forall y(R(x,y) \vee R(y,x))$	B∀ 1
	3.	$R(x,x) \vee R(x,x)$	B∀ 2
	4.	$R(x,x)$	3
	5.	$\forall x R(x,x)$	E∀ 4

j)	1.	$\forall x(P(x) \supset Q(x))$	A.d.B.
	2.	$\exists x P(x)$	A.d.B.
	3.	$P(a)$	B∃ 2
	4.	$P(a) \supset Q(a)$	B∀ 1
	5.	$Q(a)$	AR 3, 4
	6.	$\exists x Q(x)$	E∃ 5

k)	1.	$\forall x \exists z P(x, z)$	A.d.B.
	2.	$\forall x \exists z Q(x, z)$	A.d.B.
	3.	$\exists z P(x, z)$	B∀ 1
	4.	$P(x, a_x)$	B∃ 3
	5.	$P(x, a_x) \vee Q(x, a_x)$	EA 4
	6.	$\exists z(P(x, z) \vee Q(x, z))$	E∃ 5
	7.	$\forall x \exists z(P(x, z) \vee Q(x, z))$	E∀ 6

l)	1.	$\exists x(P(x) \vee Q(x))$	A.d.B.
	2.	$P(a) \vee Q(a)$	B∃ 1
	2.1.	$Q(a)$	z.A.
	2.2.	$\exists x Q(x)$	E∃ 1.1
	2.3.	$\sim\forall x \sim P(x) \vee \exists x Q(x)$	EA 1.2
	3.1.	$P(a)$	z.A.
	3.2.	$\exists x P(x)$	E∃ 2.1
	3.3.	$\sim\forall x \sim P(x)$	Th. 3.2
	3.4.	$\sim\forall x \sim P(x) \vee \exists x Q(x)$	EA 2.3
	4.	$\sim\forall x \sim P(x) \vee \exists x Q(x)$	RIII

Kommentar: !

- Die gewählte Art der Numerierung führt dazu, daß keine (einfach) numerierte Beweiszeile mit der Nummer 3 auftritt. Das ist kein Problem, solange die lineare Struktur des Beweises erhalten bleibt.
- Das in Zeile 3.3 verwendete Theorem ($\exists x P(x) \supset \sim\forall x \sim P(x)$) wurde unter b) bewiesen.

m)

1.	$\exists x \sim R(x,x)$	A.d.B.
2.	$\sim R(a,a)$	B∃ 1
3.	$\exists y \sim R(a,y)$	E∃ 2
4.	$\exists x \exists y \sim R(x,y)$	E∃ 3
5.	$\exists y \sim R(y,a)$	E∃ 2
6.	$\exists x \exists y \sim R(y,x)$	E∃ 5
7.	$\exists x \exists y \sim R(x,y) \wedge \exists x \exists y \sim R(y,x)$	EK 4, 6

! **Kommentar:**
Im dritten Schritt beachte man, daß die Einführungsregel für den Existenzquantor so formuliert ist, daß beim mehrmaligen Vorkommen derselben Individuenkonstanten bei der Anwendung von $E\exists$ nicht alle durch die entsprechende Individuenvariable ersetzt werden müssen. Weiterhin ist es natürlich möglich (wie in Schritt 5) auf dieselbe Zeile mehrmals und unterschiedlich $E\exists$ anzuwenden.

5.2 Abgeleitete Schlußregeln

(Lösungen ab Seite 117)

▷▷▷ **Aufgabe 5.2.1:**
Nennen Sie Theoreme, mit welchen die Gültigkeit der folgenden abgeleiteten Schlußregeln begründet werden können:

a) $$\frac{\forall i(A \equiv B) \quad \forall iA}{\forall iB}$$

b) $$\frac{\forall i(A \vee B) \quad \sim\exists iA}{\forall iB}$$

▷▷▷ **Aufgabe 5.2.2:**
Formulieren Sie alle abgeleiteten Schlußregeln, die sich aufgrund folgender Theoreme ergeben:

a) $\forall x \forall y(R(x,y) \vee R(y,x)) \supset \forall x R(x,x)$
b) $\forall x(P(x) \supset Q(x)) \supset (\forall x P(x) \supset \forall x Q(x))$
c) $\sim\exists x(x = y \wedge x \neq y)$

Lösungen

Lösung

Lösung 5.2.1: 5.2.1

a) $\forall x(P(x) \equiv Q(x)) \supset (\forall x P(x) \supset \forall x Q(x))$
b) $\forall x(P(x) \vee Q(x)) \supset ({\sim}\exists x P(x) \supset \forall x Q(x))$

Kommentar: !

Beachten Sie, daß nach Theoremen und nicht nach Theoremschemata gefragt ist. Prinzipiell sind auch andere Einsetzungen für die Metazeichen für Formeln und Individuenvariablen möglich. Außerdem kann wegen der (aussagenlogisch) gültigen Importations- und Exportationsregeln auch folgende Formulierung verwendet werden:
a) $\forall x(P(x) \equiv Q(x)) \wedge \forall x P(x) \supset \forall x Q(x)$
b) $\forall x(P(x) \vee Q(x)) \wedge {\sim}\exists x P(x) \supset \forall x Q(x)$

Lösung 5.2.2: 5.2.2

a) $\dfrac{\forall i \forall j(A(i,j) \vee A(j,i))}{\forall i A(i,i)}$

b) $\dfrac{\forall i(A \supset B) \quad \forall i A}{\forall i B}$ $\qquad \dfrac{\forall i(A \supset B)}{\forall i A \supset \forall i B}$

c) –

Kommentar: !

Die Formel enthält keine Subjunktion als Hauptoperator. Daher gibt es keine entsprechende Schlußregel (bei passenden Definitionen kann höchstens aus der leeren Menge von Prämissen auf ein entsprechendes tautologisches Formelschema geschlossen werden).

5.3 Prädikatenlogik mit Identität

(Lösungen ab Seite 119)

In diesem Abschnitt wird das System des Natürlichen Schließens für die Prädikatenlogik mit den oben angegebenen Regeln (vgl. Seite 111) vorausgesetzt, welches durch die folgenden beiden Prinzipien ergänzt wird:

(A1) $x = x$

(ERI)
$$\frac{\begin{array}{c} i_1 = i_2 \\ A \end{array}}{A[i_1 \,/\, i_2]}$$

wobei die i_j Individuenvariablen oder -konstanten sind und $A[i_1 \,/\, i_2]$ durch Substitution der freien Individuenvariablen oder Individuenkonstanten i_1 an 0 oder mehr Stellen ihres Vorkommens durch i_2 aus A entsteht, falls i_1 nicht im Wirkungsbereich eines i_2 bindenden Quantors ist.
Aus Gründen der Übersichtlichkeit wird bisweilen um Ausdrücke der Form $i = j$ eine Klammer gesetzt.

▷▷▷ **Aufgabe 5.3.1:**
Beweisen Sie folgende Theoreme im System des natürlichen Schließens der Prädikatenlogik mit Identität:

a) $\exists y(y = x \wedge P(y)) \supset P(x)$
b) $P(x) \wedge {\sim}P(y) \supset {\sim}(x = y)$
c) $\forall y(y = x \supset P(y)) \supset P(x)$
d) $\forall x \forall y(x = y) \supset \exists z(z = a)$
e) ${\sim}\forall y \,{\sim}(y = x \wedge {\sim}P(y)) \supset {\sim}P(x)$
f) $\forall x \forall y(x = y \supset (P(x) \supset Q(y))) \supset \forall x(P(x) \supset Q(x))$.
g) $P(x) \supset \forall y(y = x \supset P(y))$
h) $\exists y \forall x(x = y) \supset (\forall x P(x) \vee \forall x \,{\sim}P(x))$
i) $\forall x(P(x) \supset Q(x)) \supset \forall x \forall y(x = y \supset (P(x) \supset Q(y)))$.

Lösungen

Lösung

Lösung 5.3.1: 5.3.1

a)

1.	$\exists y(y = x \wedge P(y))$	A.d.B.
2.	$(a_x = x \wedge P(a_x)$	B∃ 1
3.	$a_x = x$	BK 2
4.	$P(a_x)$	BK 2
5.	$P(x)$	ERI 3, 4

b)

1.	$P(x)$	A.d.B.
2.	$\sim P(y)$	A.d.B.
3.	$x = y$	A.d.i.B.
4.	$P(y)$	ERI 1, 3

Wdspr. 2, 4

c)

1.	$\forall y(y = x \supset P(y))$	A.d.B.
2.	$x = x \supset P(x)$	B∀ 1
3.	$x = x$	Axiom
4.	$P(x)$	AR 2, 3

d)

1.	$\forall x \forall y(x = y)$	A.d.B.
2.	$\forall y(x = y)$	B∀ 1
3.	$x = a$	B∀ 2
4.	$\exists z(z = a)$	E∃ 3

e)

1.	$\sim\forall y \sim(y = x \wedge \sim P(y))$	A.d.B.
2.	$\exists y(y = x \wedge \sim P(y))$	Th. 1
3.	$a_x = x \wedge \sim P(a_x)$	B∃ 2
4.	$a_x = x$	BK 3
5.	$\sim P(a_x)$	BK 3
6.	$\sim P(x)$	ERI 4, 5

Kommentar: !

Das benutzte Theorem wurde in Aufgabe 5.1.1 bewiesen.

f)	1.	$\forall x \forall y (x = y \supset (P(x) \supset Q(y)))$	A.d.B.
	2.	$x = x \supset (P(x) \supset Q(x))$	2×B∀ 1
	3.	$x = x$	Axiom
	4.	$P(x) \supset Q(x)$	AR 2, 3
	5.	$\forall x (P(x) \supset Q(x))$	E∀ 4
g)	1.	$P(x)$	A.d.B.
	1.1.	$y = x$	z.A.
	1.2.	$P(y)$	ERI 1, 1.1
	2.	$y = x \supset P(y)$	RI
	3.	$\forall y (y = x \supset P(y))$	E∀
h)	1.	$\exists y \forall x (x = y)$	A.d.B.
	2.	$\sim(\forall x P(x) \vee \forall x \sim P(x))$	A.d.i.B.
	3.	$\forall x (x = a)$	B∃ 1
	4.	$\sim\forall x P(x) \wedge \sim\forall x \sim P(x)$	DeMorgan 2
	5.	$\sim\forall x P(x)$	BK 4
	6.	$\sim\forall x \sim P(x)$	BK 4
	7.	$\exists x \sim P(x)$	Th. 5
	8.	$\exists x P(x)$	Th. 6
	9.	$P(b)$	B∃ 8
	10.	$\sim P(c)$	B∃ 7
	11.	$b = a$	B∀ 3
	12.	$P(a)$	ERI 9, 11
	13.	$c = a$	B∀ 3
	14.	$\sim P(a)$	ERI 10, 13

Wdspr. 12, 14

! **Kommentar:**

In Zeile 4 wird die DeMorgansche Regel $\sim(A \vee B) \supset \sim A \wedge \sim B$ verwendet. Das entsprechende Theorem wurde im Kapitel über natürliches Schließen in der Aussagenlogik bewiesen. Der Beweis der Theoreme, die in den Zeilen 7 und 8 verwendet wurden, findet sich in Aufgabe 5.1.1.

i)

1.	$\forall x(P(x) \supset Q(x))$	A.d.B.
2.	$\sim\forall x\forall y(x = y \supset (P(x) \supset Q(y))$	A.d.i.B.
3.	$\exists x \sim\forall y(x = y \supset (P(x) \supset Q(y))$	Th. 2
4.	$\sim\forall y(a = y \supset (P(a) \supset Q(y))$	B∃ 3
5.	$\exists y(x = y \wedge P(x) \wedge \sim Q(y))$	Th. 4
6.	$a = b \wedge P(a) \wedge \sim Q(b)$	B∃ 5
7.	$P(a) \supset Q(a)$	B∀ 1
8.	$P(a)$	BK 6
9.	$a = b$	BK 6
10.	$\sim Q(b)$	BK 6
11.	$Q(a)$	AR 7, 8
12.	$Q(b)$	ERI 9, 11

Widerspruch in 10 und 12

Kommentar: !

In diesem Beweis wurden einige Schritte zusammengefaßt. Ein kurzer direkter Beweis der Formel läßt sich leicht erhalten, wenn zunächst $x = y$ und dann (dreifach numeriert) $P(x)$ als zusätzliche Annahmen (zum Hinzufügen einer Subjunktion) verwendet werden.

Das in den Zeilen 3 und 5 verwendete Theorem wurde in Aufgabe 5.1.1 bewiesen.

5.4 Natürliches Schließen und natürliche Sprache

(Lösungen ab Seite 122)

Aufgabe 5.4.1: ◁◁◁

a) Zeigen Sie die Gültigkeit des Satzes: „Wenn Adam täglich ins Kino geht und manchmal an einer Tankstelle aushilft, dann gibt es Tage, an denen er ins Kino geht und an einer Tankstelle aushilft."

b) Zeigen Sie die Gültigkeit des Satzes: „Wenn es einen Studenten gibt, der mindestens so reich ist wie jeder Student, dann gibt es für jeden Studenten einen Studenten, der mindestens genauso reich ist wie er selbst."

c) Man schenkt Ihnen eine Zauberbörse mit folgender Eigenschaft: Wann immer eine Münze in der Börse ist, ist es ein Markstück. (Stecken Sie dort kein Fünfmarkstück rein!) Zeigen Sie, daß unter dieser Voraussetzung das Vorkommen von Münzen in der Börse das Vorkommen von Markstücken impliziert.

▷▷▷ **Aufgabe 5.4.2:**

Welche der folgenden Schlüsse sind korrekt und welche nicht? (vgl. [3], S. 74ff.)

a) Fische sind Wirbeltiere, die durch Kiemen atmen. Der Karpfen ist ein Wirbeltier, das durch Kiemen atmet. Also ist der Karpfen ein Fisch.

b) Die Winkelsumme jedes Dreiecks beträgt 180 Grad. Die geometrische Figur a hat nicht die Winkelsumme 180 Grad. Also ist a kein Dreieck.

c) Alle Säugetiere atmen durch Lungen. Wale atmen durch Lungen. Deshalb sind Wale Säugetiere.

Lösung

Lösungen

5.4.1 **Lösung 5.4.1:**

a) Im Individuenbereich der Tage benutzen wir die einstelligen Prädikate $P(\ldots)$ – „Adam geht an ... ins Kino“ und $Q(\ldots)$ –‘Adam hilft an ... an einer Tankstelle aus“. Die Aussage lautet formalisiert also:
$\forall x P(x) \wedge \exists x Q(x) \supset \exists x(P(x) \wedge Q(x))$
Beweis im System des natürlichen Schließens:

1.	$\forall x P(x)$	A.d.B.
2.	$\exists x Q(x)$	A.d.B.
3.	$Q(a)$	B∃ 2.
4.	$P(a)$	B∀ 1.
5.	$P(a) \wedge Q(a)$	EK 3./4.
6.	$\exists x(P(x) \wedge Q(x))$	E∃ 5.

Damit ist der Satz bewiesen.

! **Kommentar:**
Daß Adam (an dem Tag) ins Kino geht, ist hier als Eigenschaft von Tagen aufgefaßt. Das mag auf den ersten Blick ungewöhnlich klingen, jedoch kann leicht gezeigt werden, daß sich die Tage der letzten Woche in solche unterteilen lassen, die die Eigenschaft haben, daß der Leser im Kino war, und in solche, die diese Eigenschaft nicht haben. Man könnte eine komplexe Eigenschaft bilden: „ein solcher Tag zu sein, an dem Adam ins Kino geht“.

b) Im Individuenbereich der Studenten benutzen wir das zweistellige Prädikat $P(\ldots,\ldots)$ – ... ist mindestens so reich wie ... “. Die Aussage lautet dann formalisiert:
$\exists x \forall y P(x,y) \supset \forall x \exists y P(y,x)$

Beweis im System des natürlichen Schließens:

1.	$\exists x \forall y P(x,y)$	A.d.B.
2.	$\forall y P(a,y)$	B$\exists$ 1.
3.	$P(a,x)$	B$\forall$ 2.
4.	$\exists y P(y,x)$	E$\exists$ 3.
5.	$\forall x \exists y P(y,x)$	E$\forall$ 4.

c) Im Individuenbereich der Münzen benutzen wir die folgenden Prädikate: $P(\ldots)$ –‘... befindet sich in der Börse“ und $Q(\ldots)$ – „... ist Markstück“. Es ist also zu zeigen:
$\forall x(P(x) \supset Q(x)) \supset (\exists x P(x) \supset \exists x Q(x))$
Beweis im System des natürlichen Schließens:

1.	$\forall x(P(x) \supset Q(x))$	A.d.B.
2.	$\exists x P(x)$	A.d.B.
3.	$P(a)$	B$\exists$, 2.
4.	$P(a) \supset Q(a)$	B$\forall$, 1.
5.	$Q(a)$	AR, 4.,3.
6.	$\exists x Q(x)$	E$\exists$, 5.

Kommentar: !

Beachten Sie, daß die Reihenfolge der Beseitigungen wesentlich ist: Sie sollten den Allquantor nicht vor dem Existenzquantor beseitigen, da dieser eine neue (im Beweis noch nicht verwendete) Konstante verlangt. Würde man nämlich zuerst den Allquantor beseitigen und $P(a) \supset Q(a)$ erhalten, bekäme man durch B$\exists$ nicht mehr $P(a)$, sondern nur z.B. $P(b)$, was nicht weiterführen würde.

Lösung 5.4.2: 5.4.2

a) Der Schluß ist *nicht* korrekt, wenn auch die gefolgerte Aussage wahr ist. Formalisieren wir die Aussage mit folgenden Prädikaten: $F(\ldots)$ – „... ist Fisch“, $K(\ldots)$ –‘... ist Karpfen“ und $W(\ldots)$ – „... ist Wirbeltier, das durch Kiemen atmet“. Die verwendete anzunehmende Schlußregel wäre diese:

$$\frac{\begin{array}{l}\forall x(F(x) \supset W(x))\\ \forall x(K(x) \supset W(x))\end{array}}{\forall x(K(x) \supset F(x))}$$

Die der scheinbaren Schlußregel zugrundeliegende Formel ist aber kein Theorem: $\forall x(F(x) \supset W(x)) \wedge \forall x(K(x) \supset W(x)) \supset \forall x(K(x) \supset F(x))$ ist nicht beweisbar.
Man kann leicht mit einem der bekannten Entscheidungsverfahren zei-

gen, daß die Formel keine Tautologie ist. Wegen der Widerspruchsfreiheit der Prädikatenlogik folgt die Unbeweisbarkeit der Aussage.

! **Kommentar:**

Der Verweis auf die Widerspruchsfreiheit bezieht sich auf:

Satz 4 *Alle Theoreme des natürlichen Schließens der Prädikatenlogik sind quantorenlogische Tautologien.*

Damit ist klar, daß Nicht–Tautologien nicht beweisbar sind.

Wenn man sich den fraglichen Schluß folgendermaßen aufschreibt, dann wird noch deutlicher, daß er nicht funktioniert:

Alle F sind W	Alle Hunde sind Wirbeltiere
Alle K sind W	Alle Katzen sind Wirbeltiere
Alle K sind F	Alle Katzen sind Hunde

b) Dieser Schluß ist korrekt. Wir verwenden folgende Prädikate und Konstanten: $W(\ldots)$ – …ist eine geometrische Figur, deren Winkelsumme 180 Grad beträgt", $D(\ldots)$ –'…ist Dreieck" und a –'die geometrische Figur a". Die verwendete Schlußregel ist diese:

$$\frac{\forall x(D(x) \supset W(x)) \quad \sim W(a)}{\sim D(a)}$$

Das zugrundeliegende Theorem $(\forall x(D(x) \supset W(x) \wedge \sim W(a) \supset \sim D(a))$ wird im System des natürlichen Schließens wie folgt bewiesen:

1.	$\forall x(D(x) \supset W(x))$	A.d.B.
2.	$\sim W(a)$	A.d.B.
3.	$D(a) \supset W(a)$	B$\forall$ 1.
4.	$\sim D(a)$	2., 3.

c) Dieser Schluß hat die gleiche Form, wie Schluß a) und ist daher ebenfalls nicht korrekt.

5.5 Richtig oder falsch?

(Lösungen ab Seite 170)

▷▷▷ **Aufgabe 5.5.1:**

a) Die Einführungsregel des Allquantors erlaubt es, beliebige Formeln bezüglich beliebiger Variablen zu generalisieren.

b) Wenn es kein weißes Pferd gibt, dann ist alles nicht–weiß oder es gibt keine Pferde.

c) Nach der Einsetzungsregel für Identitäten läßt sich schließen: Aus „Es ist eine mathematische Tatsache, daß $9 > 7$“ und „Die Anzahl der Planeten im Sonnensystem ist 9“ folgt „Es ist eine mathematische Tatsache, daß die Anzahl der Planeten im Sonnensystem gößer als 7 ist“.

Kapitel 6

Traditionelle Logik

6.1 Das logische Quadrat und direkte Schlüsse

(Lösungen ab Seite 128)

Aufgabe 6.1.1: ◁◁◁

Bestimmen Sie, soweit möglich, die fehlenden Wahrheitswerte der Sätze und begründen Sie am logischen Quadrat:

a) 1. Alle Kreter sind Lügner. – *Dieser Satz sei wahr.*
   2. Einige Kreter sind Lügner.
   3. Kein Kreter ist Lügner.
   4. Einige Kreter sind keine Lügner.

b) 1. Einige Gärtner sind Mörder. – *Dieser Satz sei wahr.*
   2. Einige Gärtner sind keine Mörder.
   3. Alle Gärtner sind Mörder.
   4. Kein Gärtner ist ein Mörder.

c) 1. Alle Politiker sind ehrlich. – *Dieser Satz sei falsch.*
   2. Einige Politiker sind ehrlich.
   3. Einige Politiker sind nicht ehrlich.
   4. Kein Politiker ist ehrlich.

d) 1. Einige Menschen sind nicht fehlbar. – *Dieser Satz sei falsch.*
   2. Alle Menschen sind fehlbar.
   3. Einige Menschen sind fehlbar.
   4. Kein Mensch ist fehlbar.

Aufgabe 6.1.2: ◁◁◁

Direkte Schlüsse: Bilden Sie alle möglichen Schlußfolgerungen aus folgenden Sätzen durch Konversion, Obversion (auch Äquipollenz genannt), Kontraposition und Opposition (auch Inversion genannt)!

a) Alle Heiligen sind barmherzig.
b) Kein Märtyrer ist lebendig.
c) Einige Primzahlen sind gerade.
d) Einige Gerechte sind keine Juristen.

▷▷▷ **Aufgabe 6.1.3:**
Bestimmen Sie, soweit möglich, die fehlenden Wahrheitswerte der Sätze und begründen Sie am logischen Quadrat oder mit den Regeln für direkte Schlüsse:

a) 1. Kein Atheist ist fromm. – *Dieser Satz sei wahr.*
2. Einige Atheisten sind nicht fromm.
3. Einige Nicht-Fromme sind keine Theisten (Nicht-Atheisten).
4. Einige Theisten sind nicht fromm.
5. Kein Frommer ist Atheist.

b) 1. Einige Kriege sind gerecht. – *Dieser Satz sei falsch.*
2. Kein Krieg ist gerecht.
3. Alle Kriege sind gerecht.
4. Einige Kriege sind nicht ungerecht.
5. Einige Kriege sind nicht gerecht.

c) 1. Müßiggang ist aller Laster Anfang. – *Dieser Satz sei wahr.*
2. Müßiggang ist einiger Laster Anfang.
3. Einiger Laster Anfang ist nicht Müßiggang.
4. Kein Laster fängt ohne Müßiggang an.

d) 1. Einige Philosophen sind keine Literaten. – *Dieser Satz sei wahr.*
2. Einige Nicht-Literaten sind keine Nicht-Philosophen.
3. Kein Literat ist ein Philosoph.
4. Kein Nicht-Philosoph ist ein Literat.
5. Alle Philosophen sind Literaten.

Lösung

Lösungen

6.1.1 **Lösung 6.1.1:**

a) 2 ist wahr (subaltern zu 1)
3 ist falsch (konträr zu 1)
4 ist falsch (kontradiktorisch zu 1)

b) 4 ist falsch (kontradiktorisch zu 1), über die Wahrheitswerte von 2 und 3 kann man nichts sagen.

Kommentar: !

2 ist subkonträr zu 1, kann also auch wahr sein, muß aber nicht. Zu 3 ist 1 subaltern, von der Wahrheit von 3 könnte man also auf die Wahrheit von 1 schließen, nicht aber umgekehrt.

c) 3 ist wahr (kontradiktorisch zu 1), während die Wahrheitswerte von 2 und 4 nicht zu bestimmen sind.

Kommentar: !

2 ist subaltern zu 1 und in dem Fall könnte man nur schließen, wenn 1 wahr wäre. 4 ist konträr zu 1, konträre Aussagen können nicht beide wahr, sehr wohl aber beide falsch sein.

d) 2 ist wahr (kontradiktorisch zu 1)
3 ist wahr (subaltern zu 2 und subkonträr zu 1)
4 ist falsch (kontradiktorisch zu 3 und konträr zu 2)

Lösung 6.1.2: 6.1.2

a) *Konversion (durch Limitation):* Einige Barmherzige sind Heilige.
Obversion: Kein Heiliger ist unbarmherzig.
Kontraposition: Alle Unbarmherzigen sind keine Heiligen.
Opposition: Einige Nicht-Heilige sind unbarmherzig.

Kommentar: !

Der Schluß durch Konversion auf „Alle Barmherzige sind Heilige" ist nicht gültig. Wenn man jedoch im Konversen das „Alle" durch „Einige" ersetzt (Limitation), gilt der Schluß. Im Gegensatz zu den ohne Limitation gültigen Regeln gilt er jedoch nicht in beide Richtungen, man kann also nicht von „Einige Barmherzige sind Heilige" zurück auf „Alle Heiligen sind barmherzig" schließen.

Der Schluß durch Opposition ist offenbar nur gültig, wenn „barmherzig" nicht alle Gegenstände umfaßt. Nur dann ist „unbarmherzig" nichtleer und es gibt unbarmherzige Gegenstände, die natürlich keine Heiligen sein können. In der traditionellen Logik wird grundsätzlich mit nichtleeren Termini gearbeitet, sonst wären viele ihrer Gesetze (so auch einige Syllogismen) nicht gültig.

b) *Konversion:* Kein Lebender ist Märtyrer.
Obversion: Alle Märtyrer sind tot (nicht-lebendig).
Kontraposition (durch Limitation): Einige Tote (Nicht-Lebendige) sind nicht Nicht-Märtyrer.
Opposition: Einige Nicht-Märtyrer sind nicht tot.

c) *Konversion:* Einige gerade Zahlen sind Primzahlen.
Obversion: Einige Primzahlen sind nicht ungerade.
Kontraposition und Opposition: (nicht gültig)

d) *Konversion:* (nicht gültig)
Obversion: Einige Gerechte sind Nicht-Juristen.
Kontraposition: Einige Nicht-Juristen sind nicht Ungerechte.
Opposition: (nicht gültig)

6.1.3 **Lösung 6.1.3:**

a) 2 ist wahr (subaltern zu 1)
3 ist wahr (durch Kontraposition aus 1)
4 ist nicht zu bestimmen
5 ist wahr (durch Konversion aus 1)
b) 2 ist wahr (kontradiktorisch zu 1)
3 ist falsch (konträr zu 2)
4 ist falsch (durch Obversion aus 1)
5 ist wahr (subkonträr zu 1)
c) 2 ist wahr (subaltern zu 1)
3 ist falsch (kontradiktorisch zu 1)
4 ist wahr (durch Obversion aus 1)

! **Kommentar:**
In der Standardform müßte Satz 4 folgendermaßen lauten: „Keines Lasters Anfang ist Nicht-Müßiggang".

d) 2 ist wahr (durch Kontraposition aus 1)
3 ist nicht zu bestimmen
4 ist nicht zu bestimmen
5 ist falsch (kontradiktorisch zu 1)

6.2 Syllogistik

(Lösungen ab Seite 132)

▷▷▷ **Aufgabe 6.2.1:**
Welche Folgerungen kann man aus folgenden Prämissen ziehen? Geben Sie Modus und Figur der verwendeten Syllogismen an!

a) Kein Hund ist unsterblich. Alle Dackel sind Hunde.
b) Alle antiken Philosophen sind tot. Einige Professoren der Philosophie leben noch.
c) Alle Brandstifter sind Pyromanen. Kein Pyromane ist Feuerwehrmann.
d) Alle Moralisten sind inkonsequent in ihrem Handeln. Einige Moralisten sind Vorbilder.
e) Kein Gorilla ist ein verwunschener Prinz. Alle Frösche sind verwunschene Prinzen.

f) Kein Schwan ist ein Entlein. Einige Entlein sind häßlich.
g) Alle Schwäne sind Vögel. Alle Entlein sind Vögel.
h) Kein Bauhaus-Fan ist ein Liebhaber von antiken Möbelstücken. Einige Holzwürmer sind Liebhaber von antiken Möbelstücken.

Aufgabe 6.2.2: ◁◁◁

> Ein gültiger Syllogismus muß folgenden Regeln genügen:
>
> 1. Der Mittelterm muß mindestens in einer Prämisse universell (im vollen Umfang) genommen sein bzw. distribuiert sein.
> 2. Wenn ein Terminus in der Konklusion universell genommen ist, muß er in einer Prämisse universell genommen sein.
> 3. Mindestens eine Prämisse muß affirmativ sein.
> 4. Wenn die Konklusion negativ ist, muß eine Prämisse negativ sein.
> 5. Wenn eine der Prämissen negativ ist, muß die Konklusion negativ sein.

Welche der Regeln werden in den folgenden Syllogismen verletzt?

a) Einige Menschen sind Wissenschaftler. Alle Physiker sind Menschen. Also sind einige Physiker Wissenschaftler.
b) Einige Spatzen in der Hand sind nicht besser als eine Taube auf dem Dach. Alle Dinge, die besser als eine Taube auf dem Dach sind, sind eine Anstrengung wert. Einige Spatzen in der Hand sind eine Anstrengung wert.
c) Alle Feiglinge sind geängstigt in Gegenwart von wilden Tigern. Einige Helden sind keine Feiglinge. Also ist kein Held geängstigt in Gegenwart von wilden Tigern.
d) Kein Bandwurm ist ein Sonnenanbeter. Einige Touristen sind keine Sonnenanbeter. Also sind einige Bandwürmer keine Touristen.

Aufgabe 6.2.3: ◁◁◁

Bringen Sie folgende umgangssprachliche Syllogismen in Standardform und bestimmen Sie Modus und Figur! Sind alle gültig?

a) Schwarze Katzen bringen nicht immer Unglück, denn die Regel über schwarze Katzen sagt „Von rechts nach links, was Gutes bringt's“ und so manche schwarze Katze läuft von rechts nach links.

b) Es gibt auch kaum genutzte Wege, die nach Rom führen. Denn bekanntlich werden zwar nur einige Wege kaum genutzt, doch führen alle Wege nach Rom.

c) Alle Reptilien sind keine Säugetiere. Das folgt daraus, daß Reptilien keine Wiederkäuer sind, einige Säugetiere aber wiederkäuen.

▷▷▷ **Aufgabe 6.2.4:**

Sind folgende Syllogismen gültig? Zeigen Sie mit Hilfe von Venn-Diagrammen die Gültigkeit bzw. Ungültigkeit!

a) Kein Mensch ist allwissend. Einige Menschen sind Lehrer. Also sind einige Lehrer nicht allwissend.

b) Jeder Hund ist eines Menschen treuer Gefährte. Kein Frosch ist ein Hund. Also ist kein Frosch eines Menschen treuer Gefährte.

c) Einige Philosophen sind logische Denker. Alle logischen Denker sind kluge Menschen. Also sind einige kluge Menschen Philosophen.

d) Einige Fische sind Wirbeltiere, die durch Kiemen atmen. Einige Wassertiere sind Fische. Also sind einige Wassertiere Wirbeltiere, die durch Kiemen atmen.

e) Alle Menschen sind sterblich. Alle Griechen sind Menschen. Also sind einige Griechen sterblich.

▷▷▷ **Aufgabe 6.2.5:**

Warum kann es keine Syllogismen mit folgenden Namen geben?

a) Caries

b) Cholera

c) Angina

Lösung

Lösungen

6.2.1 **Lösung 6.2.1:**

a) Kein Dackel ist unsterblich. – *Celarent (Modus: e-a-e – Figur: I)*
Einige Dackel sind sterblich (nicht unsterblich). – *Celaront (e-a-o–I)*

! **Kommentar:**

Im Modus Celaront wird offenbar weniger geschlossen als möglich wäre (deswegen wird er auch nicht überall als gültiger Syllogismus aufgeführt) – wenn alle Dackel sterblich sind, dann natürlich auch einige. Allerdings setzt das voraus, daß es überhaupt Dackel gibt. Gibt es keine (ist „Dackel" also ein leerer Terminus), gilt der Schluß nach Celaront nicht, der nach Celarent jedoch weiterhin! In der traditionellen Logik sind jedoch leere Termini nicht zugelassen.

b) Einige Professoren der Philosophie sind keine antiken Philosophen. – *Baroco (a-o-o–II)*

c) Kein Feuerwehrmann ist ein Brandstifter. – *Calemes (a-e-e–IV)*
Einige Feuerwehrmänner sind keine Brandstifter. – *Calemop (a-e-o–IV)*
Kommentar: !
Hier wird im Modus Calemop weniger geschlossen als möglich, auch Calemop findet sich daher nicht in allen Aufzählungen der gültigen Syllogismen. Wie Celaront gilt auch Calemop nicht, wenn leere Termini zugelassen sind.

d) Einige Vorbilder sind inkonsequent in ihrem Handeln. – *Modus: Datisi(a-i-i-III)*

e) Kein Frosch ist ein Gorilla. – *Cesare (e-a-e-II)*
Einige Frösche sind keine Gorillas. – *Cesarop (e-a-o-II)*
Kommentar: !
Für Cesarop das gleiche wie für Celaront und Calemop..

f) Einige Häßliche sind keine Schwäne. – *Fresison (e-i-o-IV)*

g) (man kann nichts schließen) – *Figur: II*

h) Einige Holzwürmer sind keine Bauhaus-Fans. – *Festino (e-i-o-II)*

Lösung 6.2.2: 6.2.2

a) Regel 1
Kommentar: !
Der Mittelterm ist „Menschen“. Sowohl die erste als auch die zweite Prämisse beziehen sich jedoch nicht auf *alle* Mitglieder der Klasse „Menschen“ (die zweite Prämisse sagt zwar etwas über alle Physiker aus, aber nichts über alle Menschen). Der Mittelterm ist also in keiner Prämisse universell genommen.

b) Regel 5

c) Regel 2
Kommentar: !
Beide Termini der Konklusion werden in den Prämissen nicht universell genommen.

d) Regel 2 und 3

6.2.3 **Lösung 6.2.3:**

a) Keine schwarze Katze, die von rechts nach links läuft,
ist ein Unglücksbringer.
Einige schwarze Katzen sind schwarze Katzen,
die von rechts nach links laufen.

Einige schwarze Katzen sind keine Unglücksbringer.
gültig – Modus: Ferio (e-i-o); Figur: I

b) Alle Wege sind Wege, die nach Rom führen.
Einige Wege sind kaum genutzte Wege.

Einige kaum genutzte Wege führen nach Rom.
gültig – Modus: Datisi (a-i-i); Figur: III

c) Kein Reptil ist ein Wiederkäuer.
Einige Säugetiere sind Wiederkäuer.

Kein Reptil ist ein Säugetier.
ungültig – Modus: o-i-o; Figur: II

! **Kommentar:**
Der Syllogismus ist ungültig, denn er verletzt Regel 2 (vgl. Aufgabe 6.2.2). Der Terminus „Säugetier“ ist in der Konklusion universell genommen, nicht aber in den Prämissen.

6.2.4 **Lösung 6.2.4:**

In den folgenden Venn–Diagrammen werden Großbuchstaben in Kreisen verwendet, um die Erfüllungsbereiche (Begriffsumfänge, Extensionen) der entsprechenden generellen Termini (Begriffe) zu kennzeichnen. Wir geben kein Alphabet vor, sondern benutzen naheliegende Bezeichnungen („M“ für „Mensch“ und so fort).

a) Ferison

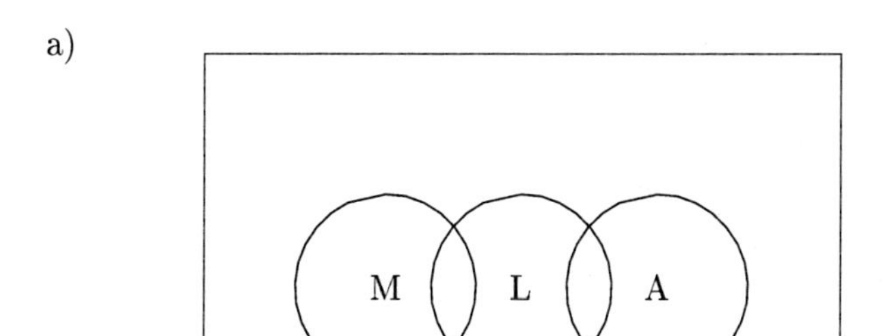

Kommentar: !

Da kein Mensch allwissend ist, liegen die M- und A–Bereiche vollständig auseinander: Es gibt nichts, was zugleich Mensch und auch allwissend wäre. Da einige Menschen Lehrer sind, gibt es einen gemeinsamen M- und L–Bereich. Dieser Bereich liegt zugleich völlig außerhalb des A–Bereiches, daher sind einige Lehrer nicht allwissend. Beachten Sie, daß nichts darüber ausgesagt ist, ob es Lehrer gibt, die allwissend sind, oder Lehrer, die keine Menschen und nicht allwissend sind. Möglicherweise sind einer der beiden oder beide Bereiche leer, das ändert jedoch nichts an der Gültigkeit des Syllogismus. Ein Computer als Lehrer ist kein Mensch, allerdings auch nicht allwissend; ein Gott (Prometheus, der die Menschen das Feuer zu nutzen lehrte) ist vielleicht sowohl kein Mensch, als auch allwissend.

b) Ungültig.

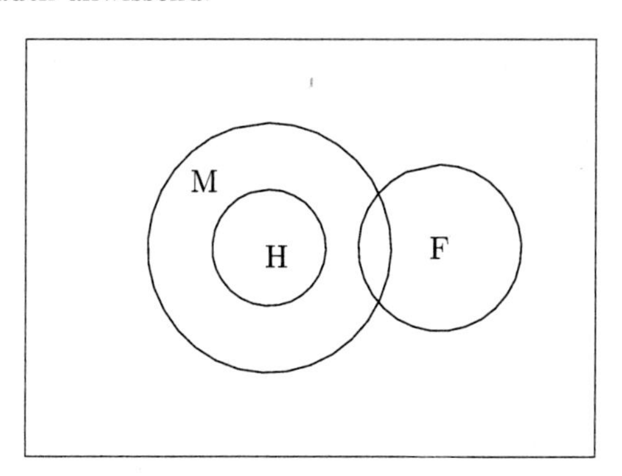

! **Kommentar:**
Die H- und F–Bereiche liegen vollständig auseinander. Außerdem liegt der H– Bereich vollständig im M–Bereich (hier heißt „M" natürlich nicht „Mensch", sondern „eines Menschen treuer Gefährte sein"). Nach diesen Voraussetzungen ist es immerhin möglich – und das zeigt das Venn–Diagramm –, daß es einen nichtleeren gemeinsamen F- und M–Bereich gibt.

c) Dimatis

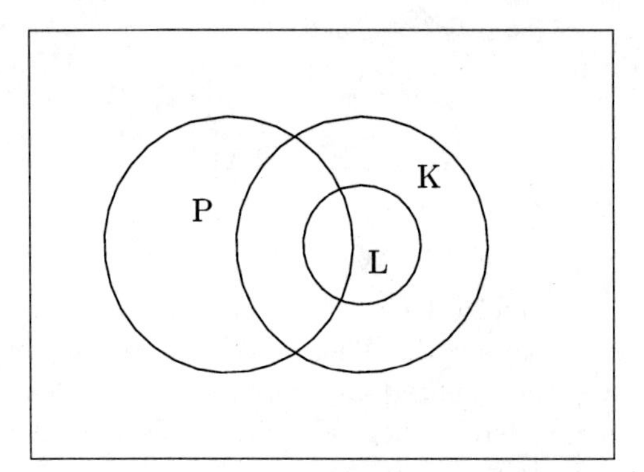

! **Kommentar:**
Auch hier können einige Bereiche leer sein. Es kommt allein darauf an, daß die Fläche, die sowohl eine P- als auch eine L–Fläche ist, auch ein Teil des K–Bereiches ist.

d) Ungültig.

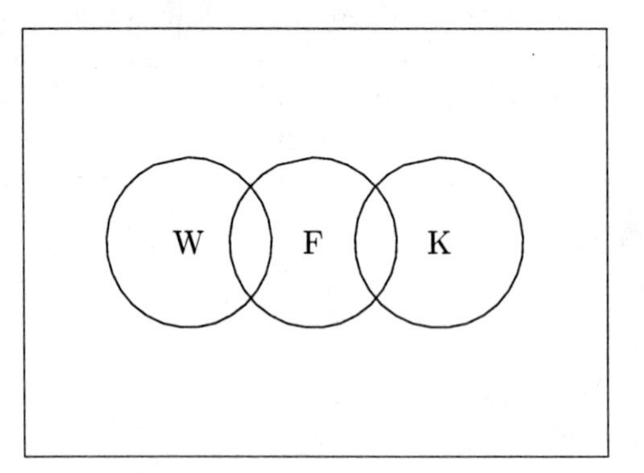

! **Kommentar:**
Die Kiemenatmer sind vollständig von den Wassertieren getrennt, ob-

wohl beide gemeinsame Bereiche mit den Fischen haben.

e) Barbari

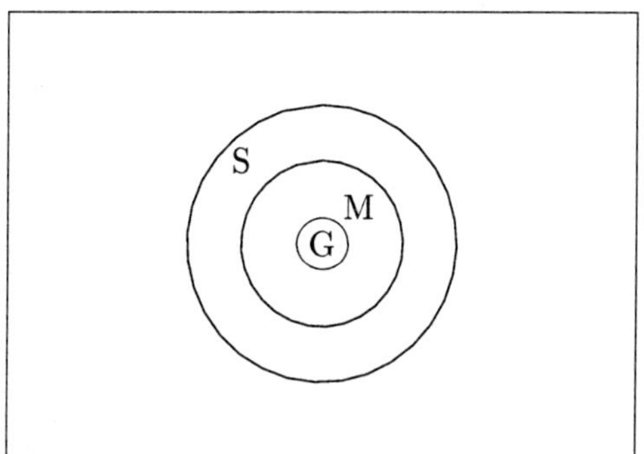

Kommentar: !

Es ist leicht zu sehen, daß auch die stärkere Schlußfolgerung „Alle Griechen sind sterblich" zu rechtfertigen ist. Der Schluß auf „Einige Griechen sind sterblich" gilt nur, wenn keine leeren Termini zugelassen sind. In der traditionellen Logik ist dies aber der Fall.

Lösung 6.2.5: 6.2.5

a) Ein Syllogismus der Form a-i-e würde Regel 4 (vgl. Aufgabe 6.2.2) verletzen: Seine Konklusion ist negativ, aber keine seiner Prämissen.
b) In diesem Syllogismus findet sich keine affirmative Prämisse. Das verletzt Regel 3.
c) Das Subjekt der Konklusion wird universell genommen, es muß also auch in einer der Prämissen universell genommen werden. In der zweiten Prämisse (i- Aussage) wird kein Terminus universell genommen. In der ersten Prämisse kommt jedoch das Subjekt der Konklusion nicht vor, wird also auch dort nicht universell genommen. Damit wird Regel 2 verletzt.

6.3 Richtig oder falsch?

(Lösungen ab Seite 170)

Aufgabe 6.3.1: ◁◁◁

Im logischen Quadrat gilt:

a) Zwei kontradiktorische Aussagen können nicht beide wahr und nicht beide falsch sein.

b) Zwei konträre Aussagen können nicht beide wahr sein.
c) Zwei subkonträre Aussagen können nicht beide wahr sein.
d) Bei der Subalternation darf man nur von oben nach unten schließen.
e) Wenn zwei Aussagen nicht beide falsch sein können, sind sie kontradiktorisch.
f) Wenn zwei Aussagen nicht beide falsch sein können, sind sie konträr.

▷▷▷ **Aufgabe 6.3.2:**
In der Syllogistik gilt:
a) Zwei affirmative Prämissen können keinen negativen Schluß ergeben.
b) Zwei negative Prämissen können nur einen negativen Schluß ergeben.
c) Ein gültiger Syllogismus hat mindestens eine negative Prämisse.
d) Ein gültiger Syllogismus hat mindestens eine affirmative Prämisse.

▷▷▷ **Aufgabe 6.3.3:**
Wenn man leere Termini in der traditionellen Logik zuließe, würde folgendes gelten:
a) Im logischen Quadrat darf man nicht durch Subalternation schließen.
b) Direkte Schlüsse sind nicht gültig, wenn sie durch Limitation gezogen wurden.
c) Alle Schlüsse durch Obversion sind ungültig.
d) A- und O-Aussagen sind nicht kontradiktorisch.
e) Der Syllogismus Camestrop (Figur II) ist ungültig.
f) Der Syllogismus Barbara (Figur I) ist ungültig.

Kapitel 7

Intuitionistische Logik

7.1 Dialogverfahren

(Lösungen ab Seite 141)

Das Dialogverfahren ist ein Entscheidungsverfahren, welches für die intuitionistische Logik entwickelt wurde. Es lassen sich auch Regeln für die klassische Logik aufstellen, die hier aber nicht betrachtet werden. Im Verfahren werden Formeln und Teilformeln nach Regeln angegriffen und verteidigt, eine Formel heißt dialogische Tautologie, wenn sie vom Proponenten gegen jede Strategie des Opponenten verteidigt werden kann. Zug- und Gewinnregeln lauten folgendermaßen:

1. Der Proponent beginnt mit dem Setzen der zu verteidigenden Formel. Gezogen wird abwechselnd.
2. Der Proponent kann jede vom Opponenten gesetzte Formel angreifen oder sich gegen den letzten Angriff des Opponenten verteidigen.
3. Der Opponent kann die vom Proponenten im letzten Zug gesetzte Formel angreifen oder sich gegen den Angriff im letzten Zug des Proponenten verteidigen.

4. Angegriffen und verteidigt wird nach folgenden Regeln:

Behauptung	Angriff	Verteidigung	
$\sim A$	$A?$	nicht möglich	
$A \wedge B$	$?L$	A	
$A \wedge B$	$?R$	B	
$A \vee B$	$?$	A	
$A \vee B$	$?$	B	
$A \supset B$	$A?$	B	
$\forall iA$	$?(j)$	$A\{i/j\}$	(i sei frei in A für eine
$\exists iA$	$?$	$A\{i/j\}$	Einsetzung von j.)

5. Der Proponent hat genau dann gewonnen, wenn
   - der Opponent keine Angriffs- oder Verteidigungsmöglichkeiten mehr hat und
   - der Opponent am Zug ist,
   - der Proponent in den Fällen, in denen er Aussagenvariablen oder Prädikatformeln gesetzt hat, nur solche verwendet hat, die bereits vom Opponenten behauptet wurden.

▷▷▷ **Aufgabe 7.1.1:**

Beweisen Sie, daß folgende Formeln dialogische Tautologien sind:

a) $p \supset \sim q \supset (q \supset \sim p)$

b) $\sim p \supset (p \supset q)$

c) $p \supset q \supset (\sim q \supset \sim p)$

▷▷▷ **Aufgabe 7.1.2:**

Überprüfen Sie, ob die folgenden Formeln dialogische Tautologien sind:

a) $\sim\sim\sim p \supset \sim p$

b) $\sim p \supset \sim\sim\sim p$

c) $p \supset q \supset (\sim p \vee q)$

d) $p \supset (\sim q \supset p)$

e) $\sim p \supset q \supset p \vee q$

f) $p \supset (\sim p \supset q)$

g) $\sim(\sim p \wedge \sim q) \supset p \vee q$

▷▷▷ **Aufgabe 7.1.3:**

Überprüfen Sie, ob die folgenden Formeln dialogische Tautologien sind:

a) $\exists x \forall y P(x,y) \supset \forall y \exists x P(x,y)$

b) $\forall y \exists x P(x,y) \supset \exists x \forall y P(x,y)$

c) $\forall x \forall y P(x,y) \supset \exists y \exists x P(x,y)$

Lösungen

Lösung

Lösung 7.1.1:

7.1.1

a)

Opponent	Proponent
	1. $p \supset \sim q \supset (q \supset \sim p)$
2. $p \supset \sim q$?1	3. $q \supset \sim p$
4. q ?3	5. $\sim p$
6. p ?5	7. p ?2.
8. $\sim q$	9. q ?8.

Kommentar:

!

Der Proponent setzt in 1. eine Formel, die er zu verteidigen hat. Nach der Regel für die Subjunktion wird die zu verteidigende Formel in 2. durch Setzen des Antezedenten angegriffen („Was, wenn die Wenn–Aussage wahr ist?"). Der Proponent hätte die Möglichkeit, seinerseits die Subjunktion in 2. durch Setzen von „p" anzugreifen, verteidigt sich aber in 3. mit dem Antezedent der angegriffenen Aussage 1. („Dann ist die So–Aussage auch wahr"). In 4. und 5. wird diese Aussage nach den eben besprochenen Regeln angegriffen und verteidigt. Letzteres erfolgt durch eine negierte Aussage, die der Opponent in 6. durch Setzen der unnegierten Aussage angreift („Was, wenn p stimmt?"). Darauf ist keine Verteidigung möglich, der Proponent greift die Aussage 2. des Opponenten an und setzt dabei eine Aussagenvariable, die vom Opponenten bereits behauptet wurde („Du hast p behauptet? — Dann kann ich damit eine Deiner früheren Behauptungen angreifen"). Der Opponent ist in der Lage, noch einen Zug zu setzen und sich mit $\sim q$ zu verteidigen. Diese Formel wird vom Proponenten in 9. angegriffen, erlaubterweise, da q bereits in 4. vom Opponenten behauptet worden war. Der Proponent hat gewonnen und die Formel ist eine dialogische Tautologie, denn dem Opponenten war an keiner Stelle eine andere Strategie möglich.

b)

Opponent	Proponent
	1. $\sim p \supset (p \supset q)$
2. $\sim p$?1	3. $p \supset q$
4. p ?3	5. p ?2

c)

Opponent	Proponent
	1. $p \supset q \supset (\sim q \supset \sim p)$
2. $p \supset q$?1	3. $\sim q \supset \sim p$
4. $\sim q$?3	5. $\sim p$
6. p ?5	7. p ?2
8. q	9. q ?4

7.1.2 **Lösung 7.1.2:**

a)

Opponent	Proponent
	1. $\sim\sim\sim p \supset \sim p$
2. $\sim\sim\sim p$?1	3. $\sim p$
4. p ?3	5. $\sim\sim p$?2
6. $\sim p$?5	7. p ?6

Die Formel ist eine dialogische Tautologie.

! **Kommentar:**

Der Proponent greift in der letzten Zeile den Opponenten mit einer Formel an, die jener selbst behauptet hatte, und gewinnt damit den Dialog. Der Opponent hatte an keiner Stelle die Chance, eine andere Strategie anzuwenden.

b)

Opponent	Proponent
	1. $\sim p \supset \sim\sim\sim p$
2. $\sim p$?1	3. $\sim\sim\sim p$
4. $\sim\sim p$?3	5. $\sim p$?4
6. p ?5	7. p ?2

Die Formel ist eine dialogische Tautologie.

c)

Opponent	Proponent
	1. $p \supset q \supset (\sim p \vee q)$
2. $p \supset q$?1	3. $\sim p \vee q$
4. ?3	5. $\sim p$
6. p ?5	7. p ?2
8. q	

Die Formel ist keine dialogische Tautologie – der Proponent ist am Zug und hat seine Möglichkeiten ausgeschöpft.

Im 5. Schritt hätte der Proponent auch q setzen können, hätte damit jedoch sofort verloren. Es ist aber schon in Schritt 3. folgende andere Strategie für ihn möglich:

Opponent	Proponent
	1. $p \supset q \supset (\sim p \vee q)$
2. $p \supset q$?1	3. p ?2
4. q	

Doch auch diesen Dialog verliert der Proponent. Die Formel ist also keine dialogische Tautologie.

d)

Opponent	Proponent
	1. $p \supset (\sim q \supset p)$
2. p ?1	3. $\sim q \supset p$
4. $\sim q$?3	5. p

Die Formel ist eine dialogische Tautologie.

e)

Opponent	Proponent
	1. $\sim p \supset q \supset p \vee q$
2. $\sim p \supset q$?1	3. $p \vee q$
4. ?3	5. $\sim p$?2
6. p ?5	

Die Formel ist keine dialogische Tautologie.
Der Proponent hätte in 5. auch p oder q setzen können, hätte damit jedoch sofort verloren. Wenn er schon in 3. die Behauptung von 2. angegriffen hätte, wäre der Ausgang derselbe wie hier gewesen. Die Formel ist also keine dialogische Tautologie.

f)

Opponent	Proponent
	1. $p \supset (\sim p \supset q)$
2. p ?1	3. $\sim p \supset q$
4. $\sim p$?3	5. p ?4

Die Formel ist eine dialogische Tautologie.

g)

Opponent	Proponent	
	1. $\sim(\sim p \wedge \sim q) \supset p \vee q$	
2. $\sim(\sim p \wedge \sim q)$?1	3. $p \vee q$	
4. ?3	5.a) p	5.b) q

Die Formel ist keine dialogische Tautologie.
Diesen Dialog verliert der Proponent, er hat jedoch noch eine andere Möglichkeit:

Opponent	Proponent
	1. $\sim(\sim p \wedge \sim q) \supset p \vee q$
2. $\sim(\sim p \wedge \sim q)$?1	3. $\sim p \wedge \sim q$?2
4. ?L3	5. $\sim p$
6. p ?5	

Auch diesen Dialog verliert der Proponent, weitere Möglichkeiten hat er nicht. Die Formel ist also keine dialogische Tautologie.

7.1.3 Lösung 7.1.3:

a)

Opponent	Proponent
	1. $\exists x \forall y P(x,y) \supset \forall y \exists x P(x,y)$
2. $\exists x \forall y P(x,y)$?1	3. $\forall y \exists x P(x,y)$
4. ?3 (y)	5. $\exists x P(x,y)$
6. ?5	7. ?2
8. $\forall y P(x,y)$	9. ?8 (y)
10. $P(x,y)$	11. $P(x,y)$

Die Formel ist dialogische Tautologie.

! **Kommentar:**
Im 9. Schritt wählt der Proponent die vom Opponenten im 4. Schritt vorgegebene passende Individuenvariable. Im 11. Schritt wählt er die Variable, die der Opponent im 8. Schritt gewählt hat. Hätte der Opponent andere Variablen gewählt, könnte der Proponent entsprechend reagieren da seine Züge nach denen des Opponenten erfolgen.

b)

Opponent	Proponent
	1. $\forall y \exists x P(x,y) \supset \exists x \forall y P(x,y)$
2. $\forall y \exists x P(x,y)$	3. $\exists x \forall y P(x,y)$
4. ?3	5.

Die Formel ist keine dialogische Tautologie.

! **Kommentar:**
Gleichgültig, ob der Proponent nun auf den Angriff reagiert oder die Formel in 2. angreift, muß er Individuenvariablen festlegen. Der Opponent ist jedenfalls in der Lage, *andere* Variablen zu wählen und damit kommt keine Prädikatformel zustande, die der Proponent nach dem Opponenten behaupten kann. Der Proponent kann den Dialog nicht gewinnen.

c)

Opponent	Proponent
	1. $\forall x \forall y P(x,y) \supset \exists y \exists x P(x,y)$
2. $\forall x \forall y P(x,y)$	3. $\exists y \exists x P(x,y)$
4. ?3	5. $\exists x P(x,y)$
6. ?5	7. ?2 (x)
8. $\forall y P(x,y)$	9. ?8 (y)
10. $P(x,y)$	11. $P(x,y)$

Die Formel ist dialogische Tautologie.

Kommentar: !

Offenbar kommt es darauf an, die Variablen „passend" zu wählen: Der Opponent muß bestrebt sein, neue Variablen ins Spiel zu bringen um dem Proponenten keine Chance zu lassen. Der Proponent dagegen wird Variablen wählen, die vom Opponenten bereits gewählt worden sind oder diesen zwingen (im Falle des Allquantors), von ihm bereits gewählte Variablen zu verwenden.

7.2 Richtig oder Falsch?

(Lösungen ab Seite 171)

Aufgabe 7.2.1: ◁◁◁

a) Der intuitionistische Aussagenkalkül läßt sich durch eine zweiwertige Tabellensemantik beschreiben, die sich von der klassischen Semantik durch andere Tabellen für die Negation und die Adjunktion unterscheidet.

b) Nicht jede Formel der intuitionistischen Logik läßt sich allein mit Hilfe von Negation und Konjunktion darstellen.

c) Alle Theoreme der intuitionistischen Aussagenlogik sind auch Theoreme der klassischen Logik, aber nicht umgekehrt.

d) Es gibt Theoreme der intuitionistischen Logik, die nicht klassische Tautologien sind.

e) Es gibt Theoreme der klassischen Logik, die nicht dialogische intuitionistische Tautologien sind.

f) Vom Standpunkt der klassischen Logik aus ist der Satz „Morgen findet eine Seeschlacht statt oder morgen findet nicht eine Seeschlacht statt" heute wahr.

g) Vom Standpunkt der intuitionistischen Logik aus ist der Satz „Morgen findet eine Seeschlacht statt oder morgen findet nicht eine Seeschlacht statt" heute wahr.

Kapitel 8

Theorie der logischen Folgebeziehung

8.1 Sprache und Begriff der logischen Folgebeziehung

(Lösungen ab Seite 149)

In diesem Abschnitt gehen wir davon aus, daß die (aussagenlogische) Folgebeziehung „$\vdash$" ein Prädikat ist: Das Zeichen steht für eine Relation zwischen Aussagen. Für eine klassische Theorie der Folgebeziehung reicht es aus zu fordern, daß Aussagen $A \vdash B$ genau dann wahr sind, wenn die Aussage $A \supset B$ eine Tautologie ist. Für verschiedene Zwecke ist es sinnvoll, zusätzlich einen inhaltlichen Zusammenhang zwischen Prämisse und Konklusion zu fordern. Die im Folgenden erwähnten strikte und strenge Theorie der Folgebeziehung garantieren einen solchen Sinnzusammenhang über eine Variablenbedingung beziehungsweise die Variablenbedingung und eine semantische Bedingung:

$A \vdash B$ ist genau dann eine wahre Aussage der

klassischen Folgebeziehungstheorie,
wenn $A \supset B$ eine Tautologie der klassischen Aussagenlogik ist;

strengen Folgebeziehungstheorie,
wenn $A \supset B$ eine Tautologie der klassischen Aussagenlogik ist;
in B keine Aussagenvariablen vorkommen, die nicht schon in A vorkommen;

strikten Folgebeziehungstheorie,
wenn $A \supset B$ eine Tautologie der klassischen Aussagenlogik ist;
in B keine Aussagenvariablen vorkommen, die nicht schon in A vorkommen;
A keine Kontradiktion und B keine Tautologie ist.

A nennt man auch *Voraussetzung* und B *Folgerung.*
Für Axiomatisierungen und weitere Details siehe [5] und die dort angegebene weiterführende Literatur.

▷▷▷ **Aufgabe 8.1.1:**
Gegeben sind Aussagenvariablen, genau drei aussagenlogische Operatoren Ihrer Wahl, Klammern und das Zeichen für die logische Folgebeziehung $\vdash$. Für eine Theorie der Folgebeziehung, in welcher $\vdash$ nur jeweils einmal – und zwar an der Position eines „Hauptoperators“ – in Formeln der logischen Folgebeziehung vorkommen kann, definieren Sie den Terminus „Formel der logischen Folgebeziehung“!

▷▷▷ **Aufgabe 8.1.2:**

a) Betrachten Sie folgende Regel der logischen Folgebeziehung:

$$(A \vee C) \wedge (B \vee C) \vdash A \wedge B \vee C.$$

Auf welche Weise ist in dieser Regel der logischen Folgebeziehung ein Kriterium des Sinnzusammenhangs gewahrt?

b) Bei der Interpretation einer (als Hauptoperator vorkommenden) Subjunktion als Folgebeziehung treten die sogenannten Paradoxien der materialen Implikation auf. Nennen Sie ein umgangssprachliches Beispiel dafür!

Lösungen

Lösung

Lösung 8.1.1:

8.1.1

1. Alleinstehende Aussagenvariablen sind aussagenlogische Formeln.
2. Wenn A und B aussagenlogische Formeln sind, sind auch $(A \wedge B)$, $(A \vee B)$ und $(A \equiv B)$ aussagenlogische Formeln.
3. Wenn A und B aussagenlogische Formeln sind, ist $A \vdash B$ Formel der logischen Folgebeziehung.
4. Aussagenlogische Formeln und Formeln der logischen Folgebeziehung liegen nur aufgrund der Punkte 1–3 vor.

Lösung 8.1.2:

8.1.2

a) In $A \wedge B \vee C$ können keine Aussagenvariablen vorkommen, die nicht auch in $(A \vee C) \wedge (B \vee C)$ vorkommen.
b) „Wenn man zweimal in den gleichen Fluß steigen kann und nicht zweimal in den gleichen Fluß steigen kann, dann ist der Krieg der Vater aller Dinge“ ist eine Interpretation der klassisch logisch gültigen Subjunktion $p \wedge \sim p \supset q$, jedoch keine intuitiv gültige Aussage über eine logische Folgebeziehung (zwischen Aussagen über Badegewohnheiten und Vaterschaften).

8.2 Theorien der logischen Folgebeziehung

(Lösungen ab Seite 150)

Aufgabe 8.2.1:

◁◁◁

Prüfen Sie, welche der folgenden Formeln der Folgebeziehung gültige Regeln im System der strengen bzw. der strikten Folgebeziehung sind:

a) $p \vdash p$
b) $(p \supset q) \vdash (p \supset q) \vee (q \supset p)$
c) $p \wedge \sim p \vdash \sim p \wedge p$
d) $\sim(p \vee q) \vdash \sim p \wedge \sim q$
e) $p \supset q \vdash q \supset p$

f) $p \supset \sim q \vdash \sim p \vee \sim q$

▷▷▷ **Aufgabe 8.2.2:**

Sind folgende Schlüsse nach der klassischen, strengen oder strikten Folgebeziehung gültig? Warum?

a) Das Atom ist teilbar.
Das Atom ist nicht teilbar.
———
Das Elektron ist positiv geladen.

b) Gott ist tot und Gott ist nicht tot.
Geist ist nicht auf Materie reduzierbar.
———
Geist ist auf Materie reduzierbar.

c) Gott ist tot oder Nietzsche ist tot.
Gott ist nicht tot oder Nietzsche lebt.
———
Gott ist tot oder Nietzsche lebt.

d) Elefanten sind intelligente Tiere.
Fliegen sind keine intelligenten Tiere.
———
Elefanten sind intelligente Tiere oder Fliegen sind intelligente Tiere.

e) Ich denke, also bin ich.
———
Gott existiert oder Gott existiert nicht.

Lösung

Lösungen

8.2.1 **Lösung 8.2.1:**

a) streng + strikt

! **Kommentar:**
Die Regel ist mindestens klassisch gültig, denn $p \supset p$ ist eine Tautologie. Die Folgerung enthält nur Variablen, die auch in der Voraussetzung vorkommen, also ist die Regel auch in der Theorie der strengen logischen Folgebeziehung gültig. Weil nun auch die Voraussetzung keine Kontradiktion und die Folgerung keine Tautologie ist, gilt die Regel auch in der Theorie der strikten logischen Folgebeziehung.

b) streng

! **Kommentar:**
Die Regel ist in der Theorie der strikten logischen Folgebeziehung nicht gültig, weil die Folgerung eine Tautologie ist.

c) streng

d) streng + strikt

e) weder noch
Kommentar: !
Dies ist keine gültige Regel der strengen oder strikten (nicht einmal der klassischen) Folgebeziehung, weil $(p \supset q) \supset (q \supset p)$ keine Tautologie ist.

f) streng + strikt

Lösung 8.2.2: 8.2.2

a) Der Schluss hat die Form: $p \wedge \sim p \vdash q$. Er ist nur klassisch gültig, weil im Konsequent eine Variable vorkommt, die kein Vorkommen im Antezedent hat.

b) Der Schluss hat die Form: $p \wedge \sim p \wedge \sim q \vdash q$. Er ist nach der Theorie der klassischen und der strengen logischen Folgebeziehung gültig, weil im Konsequent nur Variablen vorkommen, die auch im Antezedent vorkommen. Weil der Antezedent jedoch eine Kontradiktion ist, gilt der Schluss nicht in der Theorie der strikten logischen Folgebeziehung.

c) Der Schluss hat die Form: $(p \vee q) \wedge (\sim p \vee \sim q) \vdash p \vee \sim q$. Er ist überhaupt kein gültiger Schluss, weil $(p \vee q) \wedge (\sim p \vee \sim q) \supset p \vee \sim q$ keine Tautologie ist.

d) Der Schluss hat die Form: $p \wedge \sim q \vdash p \vee q$. Der Schluss ist nach der klassischen, der strengen und der strikten logischen Folgebeziehung gültig.

e) Der Schluss hat die Form: $p \vdash q \vee \sim q$. Er ist nur klassisch gültig.

Kapitel 9

Nichttraditionelle Prädikationstheorie

9.1 Sprache und Semantik der nichttraditionellen Prädikationstheorie

(Lösungen ab Seite 156)

In der nichttraditionellen Prädikationstheorie wird zwischen zwei Grundarten der Prädikation unterschieden. Wir benutzen die traditionelle Darstellung $f(i_1, \ldots, i_n)$ zur Bezeichnung des *Zusprechens* der Relation f zu den Relata $i_1, \ldots, i_n$ und $\neg f(i_1, \ldots, i_n)$ für das entsprechende *Absprechen*. Die folgende Semantik erlaubt die Definition einer dritten Prädikationsart, der Unbestimmtheit:

Unbestimmtheit ?:

$$?f(i_1, \ldots, i_n) =_{df} \sim f(i_1, \ldots, i_n) \wedge \sim\neg f(i_1, \ldots, i_n).$$

Zur Motivation und für die technischen Details vergleichen Sie [5]. Für diese Prädikationstheorie gelten die folgenden semantischen Regeln:

SR1:
Verschiedenen Prädikatformeln werden unabhängig voneinander Wahrheitswerte zugewiesen, sofern nicht durch die folgenden Regeln Einschränkungen formuliert sind.

SR2:
Die Regeln für die aussagenlogischen Operatoren bleiben die gleichen, wie in der klassischen Aussagenlogik.

SR3:
Wird bei einer Belegung einer Prädikatformel $f(i_1, \ldots, i_n)$ der Wert `w` zugeschrieben, so erhält $\neg f(i_1, \ldots, i_n)$ bei dieser Belegung den Wert `f`.

SR4:
Wird bei einer Belegung einer Prädikatformel $\neg f(i_1, \ldots, i_n)$ der Wert `w` zugeschrieben, so erhält $f(i_1, \ldots, i_n)$ bei der Belegung den Wert `f`.

▷▷▷ **Aufgabe 9.1.1:**
Gegeben sind Prädikat- und Subjekttermini, genau drei aussagenlogische Operatoren Ihrer Wahl, Klammern und das Zeichen für die innere Negation $\neg$. Definieren Sie den Terminus „Formel der Prädikationstheorie“!

▷▷▷ **Aufgabe 9.1.2:**
Welche der folgenden Zeichenreihen sind Formeln der Prädikationstheorie? (Es gelten die üblichen Klammerkonventionen.)

a) $P(s) \vee ?P(s)$
b) $\neg A$
c) $\sim \neg P(s)$
d) $\neg p \vee p$
e) $\neg\neg P(s)$
f) $P(s) \supset \neg \sim P(s)$
g) $\sim P(s) \wedge \sim \neg P(s)$

▷▷▷ **Aufgabe 9.1.3:**
Nennen Sie je eine Tautologie und eine Kontradiktion der Prädikationstheorie, die die Zeichen $\neg$ oder ? enthalten. Zeigen Sie, daß Sie die Formeln richtig gewählt haben.

Aufgabe 9.1.4: ◁◁◁

Überprüfen Sie, ob die folgenden Zeichenreihen Tautologien in der Prädikationstheorie sind: (Beachten Sie, daß eine Zeichenreihe, die keine Formel ist, keine Tautologie sein kann.)

a) $\sim\neg P(s) \supset P(s)$
b) $\neg P(s) \supset \sim P(s)$
c) $\sim P(s) \vee \sim\neg P(s) \vee \sim ?P(s)$
d) $P(s) \supset \neg ?P(s)$
e) $\sim(\neg P(s) \wedge \neg Q(s)) \supset P(s) \vee Q(s)$
f) $P(s) \vee \neg P(s) \supset (\neg P(s) \equiv \sim P(s))$
g) $?P(s) \vee \neg P(s) \supset (P(s) \equiv \sim P(s))$
h) $\sim(\neg P(s) \wedge \neg Q(s) \wedge \neg R(s)) \supset P(s) \vee Q(s) \vee R(s)$
i) $?P(s) \supset \sim\neg P(s) \vee \neg Q(s')$
j) $(P(s) \vee P(s)) \wedge ?P(s) \supset \neg P(s)$
k) $P(s) \vee \neg P(s) \supset \sim P(s) \supset \neg P(s)$
l) $\neg Q(s) \supset (P(s) \vee \neg P(s) \vee ?P(s))$

Aufgabe 9.1.5: ◁◁◁

Zeigen Sie an einem Beispiel, warum in der Nichttraditionellen Prädikationstheorie die Unbestimmtheit verwendet wird!

Aufgabe 9.1.6: ◁◁◁

Folgendes Zitat stammt aus Kants *Kritik der reinen Vernunft*:

> Wenn jemand sagte: ein jeder Körper riecht entweder gut, oder er riecht nicht gut, so findet ein Drittes statt, nämlich daß er gar nicht rieche (ausdufte); und so können beide widerstreitende Sätze falsch sein. Sage ich: er ist entweder wohlriechend oder er ist nicht wohlriechend (...); so sind beide Urteile einander kontradiktorisch entgegengesetzt, und nur der erste ist falsch, sein kontradiktorisches Gegenteil aber, nämlich einige Körper sind nicht wohlriechend, befaßt auch die Körper in sich, die gar nicht riechen.

Analysieren Sie diesen Gedanken mit Hilfe der nichttraditionellen Prädikationstheorie!

Lösung

Lösungen

9.1.1 **Lösung 9.1.1:**

Zunächst muss der Terminus „Prädikatformel“ definiert werden:

1. Wenn $i_1, \ldots, i_n$ Subjekttermini sind und f ein n-stelliger Prädikatterminus ist ($n \geq 1$), so sind $f(i_1, \ldots, i_n)$ und $\neg f(i_1, \ldots, i_n)$ Prädikatformeln.
2. Nur die in Punkt 1 genannten Zeichenreihen sind Prädikatformeln.

Eine Definition einer Formel der Prädikationstheorie erhalten wir, wenn wir in einer passenden Formeldefinition der Aussagenlogik den Ausdruck „aussagenlogische Formel“ durch „Formel der Prädikationstheorie“ ersetzen und außerdem Punkt 1 durch folgenden ersetzen:

1. Alleinstehende Prädikatformeln sind Formeln der Prädikationstheorie.

! **Kommentar:**
In der Sprache der Prädikationstheorie können auch Aussagenvariablen vorkommen. Dann muß der erste Punkt der Definition einer Formel der Prädikationstheorie auf offensichtliche Weise geändert werden:

1. Alleinstehende Prädikatformeln und alleinstehende Aussagenvariablen sind Formeln der Prädikationstheorie.

9.1.2 **Lösung 9.1.2:**

a) Formel.

! **Kommentar:**
Streng genommen ist die Zeichenreihe $?P(s)$ nicht als Formel definiert. Wenn man jedoch $?P(s)$ als Abkürzung für $\sim P(s) \wedge \sim\neg P(s)$ betrachtet, dann ist $P(s) \vee ?P(s)$ durchaus eine Formel.

b) Keine Formel, weil A Metavariable ist.
c) Formel.
d) Keine Formel, weil die innere Negation nicht vor Aussagenvariablen stehen darf.
e) Keine Formel, weil die innere Negation nicht zweimal nacheinander stehen darf.
f) Keine Formel, weil die innere Negation immer direkt vor einem Prädikatterminus stehen muß.
g) Formel.

Lösung 9.1.3: 9.1.3

1. $P(s) \vee \neg P(s) \vee ?P(s)$
   Die Adjunktion kann nur dann den Wert `f` annehmen, wenn alle Adjunktionsglieder diesen Wert annehmen. Wenn aber $P(s)$ und $\neg P(s)$ beide den Wert `f` annehmen, dann muß $?P(s)$ nach Definition den Wert `w` annehmen. Daher kann die Formel nicht falsch werden. Also ist sie eine Tautologie.
2. $P(s) \wedge \neg P(s)$
   Die Konjunktion kann nur dann den Wert `w` annehmen, wenn beide Konjunktionsglieder diesen Wert annehmen. Wenn aber $P(s)$ den Wert `w` annimmt, muß $\neg P(s)$ den Wert `f` annehmen; und wenn $\neg P(s)$ den Wert `w` annimmt, muß $P(s)$ den Wert `f` annehmen. Daher kann die Formel nicht wahr werden. Also ist sie Kontradiktion.

Lösung 9.1.4: 9.1.4

a) 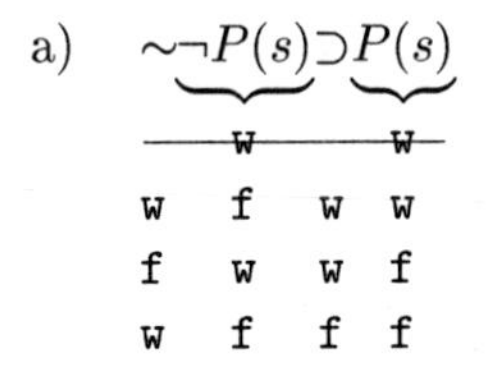

$\sim\underbrace{\neg P(s)}\supset\underbrace{P(s)}$

$\sim$	$\neg P(s)$	$\supset$	$P(s)$
	~~w~~		~~w~~
w	f	w	w
f	w	w	f
w	f	f	f

Die Formel ist keine Tautologie.

Kommentar: !

Zunächst werden den unterschiedlichen Prädikatformeln (in diesem Fall $\neg P(s)$ und $P(s)$) alle $2^2 = 4$ möglichen Kombinationen von Wahrheitswerten zugeschrieben. Nach den semantischen Regeln können beliebige Prädikatformeln $f(i)$ und $\neg f(i)$ nicht gemeinsam den Wert `w` zugeschrieben bekommen, daher wird diese (die erste) Zeile gestrichen. Der Werteverlauf für die verbleibenden drei Zeilen wird mit Hilfe der Tabellen für Negation und Subjunktion festgestellt und enthält sowohl den Wert `w` (zweimal) als auch den Wert `f`. Die Formel ist logisch indeterminiert und daher keine Tautologie.

b) $\underbrace{\neg P(s)}\supset \sim\underbrace{P(s)}$

$\neg P(s)$	$\supset$	$\sim$	$P(s)$
~~w~~			~~w~~
f	w	f	w
w	w	w	f
f	w	w	f

Die Formel ist eine Tautologie.

c) $\sim\underbrace{P(s)}\vee\sim\underbrace{\neg P(s)}\vee\sim\underbrace{?P(s)}$

$\sim$	$P(s)$	$\vee$	$\sim$	$\neg P(s)$	$\vee$	$\sim$	$?P(s)$
	~~w~~			~~w~~			~~w~~
	~~w~~			~~w~~			~~f~~
	~~w~~			~~f~~			~~w~~
f	w	w	w	f	w	w	f
	~~f~~			~~w~~			~~w~~
w	f	w	f	w	w	w	f
w	f	w	w	f	w	f	w
	~~f~~			~~f~~			~~f~~

Die Formel ist eine Tautologie.

! **Kommentar:**

Da drei verschiedene Prädikatformeln ($P(s)$, $\neg P(s)$ und $?P(s)$) in der Formel vorkommen, müssen zunächst acht mögliche Zuschreibungen von Wertekombinationen zu diesen Prädikatformeln betrachtet werden. Fünf davon fallen sofort aufgrund der semantischen Regeln heraus: Sei $f(i_1, \ldots, i_n)$ eine bestimmte Prädikatformel, so bezeichnen wir die Prädikatformeln $f(i_1, \ldots, i_n)$, $\neg f(i_1, \ldots, i_n)$ und $?f(i_1, \ldots, i_n)$ als *gleichnamig* (sie unterscheiden sich nur durch Vorhandensein oder Fehlen von $\neg$ und ?). Die semantischen Regeln erfordern nun, daß von zwei gleichnamigen Formeln mindestens eine falsch, und von drei gleichnamigen Formeln mindestens (und damit genau) eine wahr sein muß. Nach dem Streichen der Zeilen, die dieser Forderung nicht genügen, bleiben drei Zeilen zur Ermittlung des Werteverlaufs. Dieser besteht nur aus Werten w, damit ist die Formel eine Tautologie.

d) $P(s) \supset \neg?P(s)$

Diese Zeichenreihe ist keine Formel.

e) $\sim(\underbrace{\neg P(s)} \wedge \underbrace{\neg Q(s)}) \supset \underbrace{P(s)} \vee \underbrace{Q(s)}$

w	f	f	f	f	f	f	f
(1)	(2)	(3)	(4)	(5)	(6)	(7)	(8)

Die Formel ist keine Tautologie.

! **Kommentar:**

Bei vier verschiedenen Prädikatformeln sind hier $2^4 = 16$ Zeilen zu betrachten – es ist also in jedem Falle sinnvoll, mit dem verkürzten Entscheidungsverfahren zu arbeiten. Nehmen wir an, die Formel würde bei einer Belegung der Prädikatvariablen den Wert f annehmen (5). Dann nimmt das Antezedens den Wert w und das Konsequens den Wert f an (1 und 7). Die Werte für (6), (8) und (3) ergeben sich aussagenlogisch. Die Konjunktionsglieder (2) und (4) können nach den aussagenlogischen semantischen Regeln beide falsch oder eines falsch und eines wahr sein – dies ist auch alles unter der Voraussetzung (6) und (8) nach den semantischen Regeln der Prädikationstheorie erlaubt. Die angegebene Belegung ist eine von drei möglichen. Sie führt nicht zum Widerspruch und deshalb ist die Formel keine Tautologie.

f) $\underbrace{P(s)}\vee\underbrace{\neg P(s)}\supset(\underbrace{\neg P(s)}\equiv\sim\underbrace{P(s)})$

~~w w w w~~
w w f w f w f w
f w w w w w w f
f f f w f f w f

Die Formel ist eine Tautologie.

Kommentar: !

Die Formel drückt einen grundlegenden Sachverhalt der nichttraditionellen Prädikationstheorie aus: Wenn ein „Gesetz vom ausgeschlossenen Dritten für die innere Negation" gilt, so fallen innere und äußere (klassische) Negation zusammen.

g) $\underbrace{?P(s)}\vee\underbrace{\neg P(s)}\supset(\underbrace{P(s)}\equiv\sim\underbrace{P(s)})$

~~w w w w~~
~~w w f f~~
~~w f w w~~
w w f f f f w f
~~f w w w~~
f w w f f f w f
f f f w w f f w
~~f f f f~~

Diese Formel ist keine Tautologie.

h) $\sim(\underbrace{\neg P(s)}\wedge\underbrace{\neg Q(s)}\wedge\underbrace{\neg R(s)})\supset\underbrace{P(s)}\vee\underbrace{Q(s)}\vee\underbrace{R(s)}$

w f f f f
w w f
w f w
w f f
f f w
f w f
f w w
f f f

Diese Formel ist keine Tautologie.

Kommentar: !

Es wurde angenommen, daß die Formel keine Tautologie ist. Unter dieser Voraussetzung muß – wie in der ersten Zeile angegeben – die Negation im Antezedens den Wert `w` und jedes Adjunktionsglied im Konsequens den Wert `f` annehmen. Damit die Konjunktion den durch die Negation geforderten Wert `f` bekommt, muß wenigstens eines der Konjunktionsglieder diesen Wert haben. Alle sieben Möglichkeiten dafür sind aufgrund der semantischen Regeln der Prädikationstheorie erlaubt und die Formel ist keine Tautologie. Es hätte bereits das Aufzeigen einer einzigen (und nicht von sieben) widerspruchsfreien Belegungen genügt.

i) Die Formel ist eine Tautologie.

j) Die Formel ist eine Tautologie.

k) Die Formel ist keine Tautologie.

l) Die Formel ist eine Tautologie.

9.1.5 **Lösung 9.1.5:**

- Präsuppositionen: „...hat aufgehört, ...zu schlagen“ kann zu- oder abgesprochen werden, aber auch weder zu- noch abgesprochen (zurückgewiesen): *Hast Du aufgehört, Deinen Vater zu schlagen?*

! **Kommentar:**
Die Frage ist ein bekanntes Beispiel für eine Entscheidungsfrage (eine Ja–Nein–Frage), die sich meist nicht mit „Ja“ oder „Nein“ beantworten läßt. Hat man seinen Vater niemals geschlagen, so ist es weder wahr, daß man aufgehört hat ihn zu schlagen, noch ist es wahr, daß man nicht aufgehört hat (das heißt, ihn weiterhin schlägt).

- Existenzpräsuppositionen: „...verscheuchte ...“ kann zu- oder abgesprochen werden, aber auch weder zu- noch abgesprochen: *Ich habe das Einhorn aus dem Garten verscheucht!*

! **Kommentar:**
Ist kein Einhorn im Garten (gewesen), kann man es nicht scheuchen und auch nicht nicht–scheuchen (das heißt hier: drinlassen). Auch dieser Satz ist ein bekanntes Beispiel: Pfeifen hilft gegen Mäuse im Tiefkühlschrank. Solange Sie das tun, wird sich keine lange darin aufhalten.

- Kategorienfehler: „...ist grün (grau)“ kann zu- oder abgesprochen werden, aber auch weder zu- noch abgesprochen: *Der Geist ist grün!*; oder auch *Grau ist alle Theorie.*

! **Kommentar:**
Unkörperliche Dinge können keine Farbe haben. Selbstverständlich ist der Satz „Grau ist alle Theorie“ metaphorisch gemeint, buchstäblich ist er selbst genauso falsch, wie der Satz „Jede Theorie ist nicht grau (andersfarbig)“.

Lösung 9.1.6: 9.1.6

Das Prädikat $P(\ldots)$ bedeute „...riecht gut".
Dann bedeutet $\neg P(a)$ „a riecht nicht gut".
Diese Aussagen können in der nichttraditionellen Prädikationstheorie (PT) beide falsch sein, wenn nämlich $?P(a)$ wahr ist (wenn a gar nicht riecht).
Nun bedeutet $\sim P(a)$ aber „a ist nicht wohlriechend" (was auch der Fall ist, wenn a gar nicht riecht). $P(a)$ und $\sim P(a)$ sind daher auch in PT einander kontradiktorisch entgegengesetzt und können nicht beide falsch sein.

9.2 Ein System des natürlichen Schließens für die Prädikationstheorie

(Lösungen ab Seite 162)

Um ein System des natürlichen Schließens für die nichttraditionelle Prädikationstheorie zu erhalten, genügt es, die folgende Regel zu den aussagenlogischen Schlußregeln hinzuzufügen:

$$\frac{f(i_1,\ldots,i_n)}{\sim\neg f(i_1,\ldots,i_n)}$$ Einführung der inneren Negation (EiN).

Aufgabe 9.2.1: ◁◁◁
Beweisen Sie im System des natürlichen Schließens folgende Theoreme:
a) $?P(s) \supset \sim\neg P(s)$
b) $\neg P(s) \supset \sim P(s)$
c) $P(s) \supset \sim ?P(s)$
d) $\sim P(s) \supset (\sim\neg P(s) \supset ?P(s))$
e) $\sim ?P(s) \wedge \sim\neg P(s) \supset P(s)$
f) $P(s) \wedge \neg Q(s) \supset \sim\neg P(s) vee Q(s)$
g) $P(s) \wedge \neg Q(s) \supset (\sim\neg P(s) \vee Q(s)) \wedge (\sim P(s) \vee \sim Q(s))$
h) $(R(s_1,s_2) \wedge \sim R(s_1,s_2)) \supset \sim(R(s_1,s_2) \vee \neg R(s_1,s_2))$
i) $\neg P(s) \wedge \neg P(s') \supset \sim P(s) \wedge \sim P(s')$
j) $P(s) \vee \neg P(s) \supset \sim ?P(s)$

Aufgabe 9.2.2: ◁◁◁
Beweisen Sie im System des natürlichen Schließens die Gültigkeit der Schlußregeln:

a) BiN: $$\frac{\neg f(a)}{\sim f(a)}$$

b) EU: $\dfrac{f(a)}{\sim ?f(a)}$

▷▷▷ **Aufgabe 9.2.3:**

Bewerten Sie folgende „Beweise“ im System des natürlichen Schließens der nichttraditionellen Prädikationstheorie:

a) $\sim P(s) \supset \neg P(s)$

1.	$\sim P(s)$	A.d.B.
2.	$\sim(\sim\neg P(s))$	EiN
3.	$\neg P(s)$	$\sim\sim A \supset A$

b) $\neg P(s) \supset \sim P(s)$

1.	$\neg P(s)$	A.d.B.
2.	$P(s)$	A.d.i.B.
3.	$\sim\neg P(s)$	EiN

Widerspruch 1, 3

▷▷▷ **Aufgabe 9.2.4:**

In der Sprache der nichttraditionellen Prädikationstheorie lassen sich verschiedene Formeln formulieren, die so ähnlich wie das klassische Gesetz vom ausgeschlossenen Dritten aussehen. Welche der folgenden Formeln sind Theoreme im System des Natürlichen Schließens der nichttraditionellen Prädikationstheorie? Beweisen Sie die Theoreme und zeigen Sie für die anderen Formeln, daß sie keine Tautologien sind:

a) $P(s) \vee \neg P(s)$

b) $P(s) \vee \sim P(s)$

c) $?P(s) \vee \sim ?P(s)$

Lösung

Lösungen

9.2.1 **Lösung 9.2.1:**

a)

1.	$?P(s)$	A.d.B.
2.	$\sim P(s) \wedge \sim\neg P(s)$	Df. $?P(s)$
3.	$\sim\neg P(s)$	BK 2

! **Kommentar:**

In Zeile 2 wird für $?P(s)$ definitionsgemäß $\sim P(s) \wedge \sim\neg P(s)$ gesetzt.

b)

1.	$\neg P(s)$	A.d.B.
2.	$P(s)$	A.d.i.B.
3.	$\sim\neg P(s)$	EiN 2

Wdspr. 1, 3

Kommentar: !

Dieses Theorem drückt eine grundlegende Eigenschaft der nichttraditionellen Prädikationstheorie aus: Was abgesprochen wurde, darf nicht zugesprochen werden.

c)

1.	$P(s)$	A.d.B.
2.	$?P(s)$	A.d.i.B.
3.	$\sim P(s) \wedge \sim\neg P(s)$	Df. $?P(s)$
4.	$\sim P(s)$	BK 3

Wdspr. 1, 4

d)

1.	$\sim P(s)$	A.d.B.
2.	$\sim\neg P(s)$	A.d.B.
3.	$\sim P(s) \wedge \sim\neg P(s)$	EK 1, 2
4.	$?P(s)$	Df. $?P(s)$ 4

Kommentar: !

In Zeile 4 wird für $\sim P(s) \wedge \sim\neg P(s)$ definitionsgemäß $?P(s)$ gesetzt.

e)

1.	$\sim ?P(s)$	A.d.B.
2.	$\sim\neg P(s)$	A.d.B.
3.	$\sim(\sim P(s) \wedge \sim\neg P(s))$	Df. $?P(s)$ 1
4.	$P(s) \vee \neg P(s)$	DeMorgan 3
5.	$P(s)$	Th. 2, 4

Kommentar: !

In Zeile 4 wird eines der DeMorganschen Gesetze verwendet und in Zeile 5 die Beseitigung der rechten Seite der Adjunktion (in der erlaubten Grundregel wird die linke Seite beseitigt). Beide Theoreme wurden in Aufgabe 3.2.1 bewiesen.

f)	1.	$P(s)$	A.d.B.
	2.	$\neg Q(s)$	A.d.B.
	3.	$\sim(\sim\neg P(s) \vee Q(s))$	A.d.i.B.
	4.	$\neg P(s) \wedge \sim Q(s)$	DeMorgan 3
	5.	$\neg P(s)$	BK 4
	6.	$\sim\neg P(s)$	EiN 1

Wdspr. 5, 6

! **Kommentar:**
Das in Zeile 4 verwendete Gesetz von DeMorgan wurde in Aufgabe 3.2.1 bewiesen.

g)	1.	$P(s)$	A.d.B.
	2.	$\neg Q(s)$	A.d.B.
	3.	$\sim\neg P(s)$	EiN 1
	4.	$\sim\neg P(s) \vee Q(s)$	EA 3
	5.	$\sim Q(s)$	Th. 2
	6.	$\sim P(s) \vee \sim Q(s)$	EA 5
	7.	$(\sim\neg P(s) \vee Q(s)) \wedge (\sim P(s) \vee \sim Q(s))$	EK 4, 6

! **Kommentar:**
Das in Schritt 5 verwendete Theorem ist $\neg P(s) \supset \sim P(s)$, es wurde unter b) bewiesen.

h)	1.	$R(s_1, s_2)$	A.d.B.
	2.	$\sim R(s_1, s_2)$	A.d.B.
	3.	$R(s_1, s_2) \vee \neg R(s_1, s_2)$	A.d.i.B.

Wdspr. 1, 2

i)	1.	$\neg P(s) \wedge \neg P(s')$	A.d.B.
	2.	$\sim(\sim P(s) \wedge \sim P(s')$	A.d.i.B.
	3.	$P(s) \vee P(s')$	2
	3.1.	$P(s)$	z.A.
	3.2.	$\sim\neg P(s)$	EiN
	3.3.	$\neg P(s)$	BK 1
	3.4.	$\sim\neg P(s')$	Th. 3.2, 3.3
	4.1.	$P(s')$	z.A.
	4.2.	$\sim\neg P(s')$	EiN
	5.	$\sim\neg P(s')$	RIII
	6.	$\neg P(s')$	BK 1

Wdspr. 5, 6

Kommentar: !

In Zeile 3.4 wird das Theorem $A \supset (\sim A \supset B)$ verwendet (wurde in Aufgabe 3.2.1 beweisen), damit kann man aus zwei widersprüchlichen Formeln jede beliebige Formel erhalten.

j)

1.	$P(s) \vee \neg P(s)$	A.d.B.
2.	$?P(s)$	A.d.i.B.
3.	$\sim P(s) \wedge \sim\neg P(s)$	Df. $?P(s)$
4.	$\sim P(s)$	BK 3
5.	$\sim\neg P(s)$	BK 3
6.	$\neg P(s)$	BA 1, 4

Wdspr. 5, 6

Lösung 9.2.2: 9.2.2

a) Zu zeigen ist die Beweisbarkeit folgendes Theoremschemas, aus dem die Regel abgeleitet ist: $\neg f(i) \supset \sim f(i)$

1.	$\neg f(i)$	A.d.B.
2.	$f(i)$	A.d.i.B.
3.	$\sim\neg f(i)$	EiN 2

Wdpsr. 1, 3

b) Zu zeigen ist die Beweisbarkeit folgendes Theoremschemas, aus dem die Regel abgeleitet ist: $f(i) \supset \sim ?f(i)$

1.	$f(i)$	A.d.B.
2.	$?f(i)$	A.d.i.B.
3.	$\sim f(i) \wedge \sim\neg f(i)$	Df. $?f(i)$
4.	$\sim f(i)$	BK 3

Wdspr. 1, 4

Lösung 9.2.3: 9.2.3

a) Das scheinbar bewiesene Theorem ist gar keins. Der Beweis „hakt" in Zeile 2, hier wird die innere Negation eingeführt. Das wäre aber nur erlaubt, wenn in Zeile 1 $P(s)$ stünde.
b) Der Beweis ist korrekt.

Lösung 9.2.4: 9.2.4

a) Keine Tautologie, denn $P(s)$ und $\neg P(s)$ können beide den Wert `f` annehmen.

b) Diese Formel ist ein Theorem. Beweis:

1.	$\sim(P(s) \vee \sim P(s))$	A.d.i.B.
2.	$\sim P(s) \wedge P(s)$	DeMorgan 1
3.	$\sim P(s)$	BK 2
4.	$P(s)$	BK 2

Wdspr. 3 ,4

c) Theorem. Beweis analog zu b).

Kapitel 10

Richtig oder Falsch: Lösungen

Lösung 1.4.1: 1.4.1

a) Falsch
b) Richtig
c) Richtig
d) Falsch
e) Falsch

Lösung 2.5.1: 2.5.1

a) Falsch
   Kommentar: !
   Formeln haben keinen Wahrheitswert, sondern nehmen Wahrheitswerte für bestimmte Belegungen an.
b) Richtig
c) Falsch
d) Richtig
e) Richtig
f) Falsch
   Kommentar: !
   Gegenbeispiel: Tautologien nehmen bei jeder Belegung den Wert `w` an.

Lösung 2.5.2:

a) Richtig
b) Falsch
c) Falsch
d) Richtig
e) Falsch
f) Falsch

Lösung 2.5.3:

a) Falsch. Wenn in eine Tautologie eingesetzt wird, entsteht wieder eine Tautologie. Das gilt, weil der Wahrheitswert einer Tautologie bei jeder beliebigen Belegung der Variablen der Wert `w` ist. Die eingesetzte Formel nimmt einen der Werte `w` oder `f` an, unabhängig davon die Gesamtformel aber wieder den Wert `w`.
b) Richtig
c) Falsch
d) Richtig
e) Falsch

Lösung 3.4.1:

a) Falsch
b) Richtig
c) Falsch
d) Richtig
e) Falsch

Lösung 3.4.2:

a) Falsch
b) Falsch
c) Richtig
d) Richtig
e) Richtig
f) Falsch

Lösung 3.4.3:

a) Falsch
b) Richtig
c) Falsch

Lösung 3.4.4:

a) Richtig
b) Richtig
c) Falsch
d) Falsch
e) Richtig
f) Falsch

Lösung 3.4.5: 3.4.5

a) Falsch
b) Falsch
c) Richtig
d) Richtig
e) Richtig
f) Falsch
g) Richtig

Lösung 3.4.6: 3.4.6

a) Falsch. Es gibt Theoreme, für die keine Annahmen des Beweises formuliert werden können. Daher muß der Beweis für diese dann indirekt, das heißt mit einer Annahme des indirekten Beweises, geführt werden.
b) Richtig. Jeder direkte Beweis kann durch Hinzufügen der Annahme des indirekten Beweises sofort in einen um eine Zeile längeren indirekten Beweis umgewandelt werden. Der Widerspruch, der den indirekten Beweis beendet, besteht dann zwischen der letzten Zeile des direkten Beweises und der Annahme des indirekten Beweises.
c) Richtig.
d) Falsch. Die Formel ist überhaupt nicht beweisbar.

Lösung 4.4.1:

a) Richtig
b) Falsch
c) Falsch

Lösung 5.5.1:

a) Falsch
b) Falsch
c) Falsch

! **Kommentar:**
Zunächst ist nicht sicher, ob das „ist“ im zweiten Prämissensatz überhaupt eine Identität ist. Wesentlicher ist noch, daß die „daß“–Konstruktion im ersten Prämissensatz darauf hinweist, daß sie selbst ein strukturierter komplizierter Ausdruck ist, in welchem die 9 nur (als Teil der Konstruktion dieses strukturierten Ausdrucks) angeführt, nicht aber als Ausdruck verwendet wird. Ersetzungen innerhalb solcher Ausdrücke sind nicht ohne weiteres durch die Einführungsregel für Identitäten legitimiert.

Lösung 6.3.1:

a) Richtig
b) Richtig
c) Falsch
d) Falsch

! **Kommentar:**
In bestimmten (allerdings nicht allen!) Fällen kann geschlossen werden: Wenn beispielsweise SiP (Einige Hunde sind Katzen.) falsch ist, dann kann man daraus auf die Falschheit von SaP (Alle Hunde sind Katzen.) schließen.

e) Falsch
f) Falsch

Lösung 6.3.2:

a) Richtig
b) Falsch
c) Falsch
d) Richtig

Lösung 6.3.3: 6.3.3

a) Richtig
b) Richtig
c) Falsch
d) Falsch
e) Richtig
f) Falsch

Lösung 7.2.1: 7.2.1

a) Falsch
b) Richtig
c) Richtig
Kommentar: !
Beachten Sie aber, daß alle Theoreme der klassischen Aussagenlogik in der Sprache Negation, Konjunktion $\langle \sim, \wedge \rangle$ auch Theoreme in der intuitionistischen Logik sind.
d) Falsch
e) Richtig
f) Richtig
g) Falsch
Kommentar: !
Damit der Intuitionist heute bereits die Wahrheit der Adjunktion anerkennen kann, muß heute bereits eines der Adjunktionsglieder wahr sein. Davon kann man aber nicht ausgehen.

Symbolverzeichnis

In der folgenden Tabelle wird die Verwendung der Zeichen im vorliegenden Buch angegeben. Daneben wird in der Spalte „Alternativen“ auf entweder andere Zeichen für die selbe Verwendung bei anderen Autoren, oder auf andere Benennungen desselben Zeichens, oder auf eine weitere (eng begrenzte) Verwendung im Buch verwiesen.

Zeichen	Verwendung	Alternativen
w	Wahrheitswerte	1, t, $\top$
f		0, f, $\bot$
$p, q, r, \ldots, p_n, q_n, r_n, \ldots$	Aussagenvariablen	
$x, y, z, \ldots, x_n, y_n, z_n, \ldots$	Individuenvariablen	
$a, b, c, \ldots, a_n, b_n, c_n, \ldots$	Individuenkonstanten	Metazeichen für Aussagenvariablen
$i, j, \ldots, i_n, j_n, \ldots$	Metazeichen für Individuenvariablen und Individuenkonstanten	Metazeichen für Subjekttermini (Prädikationstheorie)
$P, Q, R, \ldots, P_n, Q_n, R_n, \ldots$	Prädikatenkonstanten	Prädikattermini (Prädikationstheorie)
$f, f', \ldots, f_n, f'_n, \ldots$	Metazeichen für Prädikatenkonstanten	Metazeichen für Prädikattermini (Prädikationstheorie)
$A, B, C, \ldots, A_n, B_n, C_n, \ldots$	Metazeichen für Formeln	

Zeichen	Verwendung	Alternativen
$\sim$	Klassische aussagenlogische Negation	$\neg$, $\overline{}$ (d.h. die zu negierende Formel wird komplett überstrichen)
$\neg$	Innere Negation (Prädikationstheorie)	
$\wedge$	Konjunktion	&, $\cdot$, kein Zeichen (d.h. kein Operator zwischen zwei Teilformeln wird als Konjunktion interpretiert)
$\vee$	Adjunktion	Bezeichnung: Disjunktion
$\supset$	Subjunktion	$\longrightarrow$, $\Longrightarrow$ Bezeichnung: materiale Implikation, Implikation
$\equiv$	Bisubjunktion	$\longleftrightarrow$, $\Longleftrightarrow$ Bezeichnung: Äquivalenz
$\dagger$	Negatkonjunktion	$\downarrow$ Bezeichnung: Peircefunktion, Peircescher Pfeil
$\mid$	Negatadjunktion	Bezeichnung: Shefferscher Strich, Exklusion
$\forall$	Allquantor	$(\ldots)$, $\bigwedge$ Bezeichnung: Generalisator
$\exists$	Existenzquantor	$(E\ldots)$, $\bigvee$ Bezeichnung: Partikularisator, Einsquantor
$\vdash$	Beweisbarkeitszeichen, Ableitbarkeitszeichen, Folgebeziehungsprädikat	$\models$
?	Unbestimmtheit (Prädikationstheorie): $?f(i) =_{df} \sim f(i) \wedge \neg f(i)$	
$\approx$	Äquivalenz	$\equiv$, $=$, $\longleftrightarrow$
$=$	Identität	

In einigen Büchern findet man statt **Klammern** bisweilen auch den Punkt „." in Formeln. Ein Auftreten des Punktes bedeutet dann üblicherweise, daß die Formel von diesem Punkt bis zum Ende als geklammert zu betrachten ist. So entspricht z. B. $p \supset .q \supset p$ der Formel $p \supset (p \supset q)$ und $p \wedge .q \vee .p \supset (q \wedge \sim q)$ der Formel $p \wedge (q \vee (p \supset (q \wedge \sim q)))$.

Literaturverzeichnis

[1] Douglas R. Hofstadter. *Gödel Escher Bach.* dtv/Klett-Cotta, München, 1991.

[2] Paul Hoyningen-Huene. *Formale Logik.* Philipp Reclam jun., Stuttgart, 1998.

[3] Bernt Plickat. *Kleine Schule des philosophischen Fragens.* Philipp Reclam jun., Stuttgart, 1994.

[4] Raymund Smullyan. *Logik-Ritter und andere Schurken.* Fischer, Frankfurt am Main, 1991.

[5] Horst Wessel. *Logik.* Logos Verlag, Berlin, 1998.

Bereits erschienene und geplante Bände der Reihe

Logische Philosophie

Hrsg.: H. Wessel, U. Scheffler, Y. Shramko, M. Urchs

ISSN: 1435-3415

In der Reihe „Logische Philosophie“ werden philosophisch relevante Ergebnisse der Logik vorgestellt. Dazu gehören insbesondere Arbeiten, in denen philosophische Probleme mit logischen Methoden gelöst werden.

Uwe Scheffler/Klaus Wuttich (Hrsg.)
Terminigebrauch und Folgebeziehung
ISBN: 3-89722-050-0 Preis: 59,- DM

Philosophie ist weder auf die strengen formalen Beweisbarkeitsstandards aus der Mathematik oder der theoretischen Physik verpflichtet noch kann sie auf direkte empirische Belege wie die Soziologie oder die Biologie zurückgreifen. Damit hat die wissenschaftliche Philosophie jedoch keinen Freibrief für formal inkorrekte Rechtfertigungen von Sätzen und auch nicht für die sachlich sinnwidrige und unangebrachte Verwendung philosophischer, umgangssprachlicher und einzelwissenschaftlicher Termini. Im Rahmen philosophischer Diskussionen kommt es darauf an, Termini kontrolliert zu gebrauchen, mögliche unterschiedliche Verwendungen auch zu unterscheiden und deren Zusammenhänge zu erkennen, zu formulieren und eventuell zu normieren. Mit dieser Aufgabe beschäftigen sich die ersten Beiträge des vorliegenden Bandes, deren Thematik von der Erkenntnistheorie über innerlogische Fragen bis in die Metaphysik und Ontologie reicht. Der Frage nach den angemessenen Mitteln, um den notwendigen inneren Zusammenhang der Argumentation zu garantieren, sind die letzten fünf Arbeiten gewidmet. Einige Essays im Mittelteil zeigen für vier wichtige philosophische Gebiete exemplarisch auf, wie Konsistenz und Sachlichkeit zu interessanten Ergebnissen führen.

Horst Wessel
Logik
ISBN: 3-89722-057-1 Preis: 74,- DM

Das Buch ist eine philosophisch orientierte Einführung in die Logik. Ihm liegt eine Konzeption zugrunde, die sich von mathematischen Einführungen in die Logik unterscheidet, logische Regeln als universelle Sprachregeln versteht und sich bemüht, die Logik den Bedürfnissen der empirischen Wissenschaften besser anzupassen.
Ausführlich wird die klassische Aussagen- und Quantorenlogik behandelt. Philosophische Probleme der Logik, die Problematik der logischen Folgebeziehung, eine nichttraditionelle Prädikationstheorie, die intuitionistische Logik, die Konditionallogik, Grundlagen der Terminitheorie, die Behandlung modaler Prädikate und ausgewählte Probleme der Wissenschaftslogik gehen über die üblichen Einführungen in die Logik hinaus.
Das Buch setzt keine mathematischen Vorkenntnisse voraus, kann als Grundlage für einen einjährigen Logikkurs, aber auch zum Selbststudium genutzt werden.

Yaroslav Shramko
Intuitionismus und Relevanz
ISBN: 3-89722-205-1 Preis: 50,- DM

Die intuitionistische Logik und die Relevanzlogik gehören zu den bedeutendsten Rivalen der klassischen Logik. Der Verfasser unternimmt den Versuch, die jeweiligen Grundideen der Konstruktivität und der Paradoxienfreiheit durch eine „Relevantisierung der intuitionistischen Logik“ zusammenzuführen. Die auf diesem Weg erreichten Ergebnisse sind auf hohem technischen Niveau und werden über die gesamte Abhandlung hinweg sachkundig philosophisch diskutiert. Das Buch wendet sich an einen logisch gebildeten philosophisch interessierten Leserkreis.

Horst Wessel

Logik und Philosophie

ISBN: 3-89722-249-3 Preis: 29,90 DM

Nach einer Skizze der Logik wird ihr Nutzen für andere philosophische Disziplinen herausgearbeitet. Mit minimalen logisch-technischen Mitteln werden philosophische Termini, Theoreme und Konzeptionen analysiert. Insbesondere bei der Untersuchung von philosophischer Terminologie zeigt sich, daß logische Standards für jede wissenschaftliche Philosophie unabdingbar sind. Das Buch wendet sich an einen breiten philosophisch interessierten Leserkreis und setzt keine logischen Kenntnisse voraus.

Stefan Wölfl

Kombinierte Zeit- und Modallogik

Vollständigkeitsresultate für prädikatenlogische Sprachen

ISBN: 3-89722-310-4 Preis: 79,00 DM

Zeitlogiken thematisieren „nicht-ewige" Sätze, d. h. Sätze, deren Wahrheitswert sich in der Zeit verändern kann. Modallogiken (im engeren Sinne des Wortes) zielen auf eine Logik alethischer Modalbegriffe ab. Kombinierte Zeit- und Modallogiken verknüpfen nun Zeit- mit Modallogik, in ihnen geht es also um eine Analyse und logische Theorie zeitabhängiger Modalaussagen.
Kombinierte Zeit- und Modallogiken stellen eine ausgezeichnete Basistheorie für Konditionallogiken, Handlungs- und Bewirkenstheorien sowie Kausalanalysen dar. Hinsichtlich dieser Anwendungsgebiete sind vor allem prädikatenlogische Sprachen aufgrund ihrer Ausdrucksstärke von Interesse. Die vorliegende Arbeit entwickelt nun kombinierte Zeit- und Modallogiken für prädikatenlogische Sprachen und erörtert die solchen logischen Systemen eigentümlichen Problemstellungen. Dazu werden im ersten Teil ganz allgemein multimodale Logiken für prädikatenlogische Sprachen diskutiert, im zweiten dann Kalküle der kombinierten Zeit- und Modallogik vorgestellt und deren semantische Vollständigkeit bewiesen.
Das Buch richtet sich an Leser, die mit den Methoden der Modal- und Zeitlogik bereits etwas vertraut sind.

In Vorbereitung:

U. Scheffler: **Ereignis und Zeit**

In einem umfangreichen ersten Kapitel wird eine eigenständige logisch korrekte philosophische Ereigniskonzeption aufgebaut. Die dabei erzielten Resultate erlauben die Beantwortung zahlreicher ontologischer Fragen und ermöglichen im zweiten Kapitel die Diskussion prominenter anderer Konzeptionen. Im dritten Kapitel werden die Gerichtetheit der Zeit und das Verhältnis von Wahrheit und Zeit unter Bezug auf die Ereignisontologie behandelt. Das abschließende vierte Kapitel bietet einige Anwendungen innerhalb der Kausaltheorie. Das Buch wendet sich an einen logisch gebildeten philosophisch interessierten Leserkreis.